企业安全教育系列丛书

# 企业从业人员安全行为规范

王 旭 编著

中国环境出版集团·北京

图书在版编目（CIP）数据

企业从业人员安全行为规范 / 王旭编著. —北京：
中国环境出版集团，2018.4
ISBN 978-7-5111-3624-4

I. ①企… Ⅱ. ①王… Ⅲ. ①安全生产–行为规范
Ⅳ. ① X93

中国版本图书馆 CIP 数据核字（2018）第 078124 号

出 版 人：武德凯
责任编辑：张维平
封面设计：韩海丽
责任校对：任　丽

出版发行：中国环境出版集团
　　　　　(100062 北京市东城区广渠门内大街 16 号 )
　　　　　网　　址：http://www.cesp.com.cn
　　　　　联系电话：010-67112765（编辑管理部）
　　　　　发行热线：010-67125803，010-67113405（传真）
印　　刷：北京市联华印刷厂
经　　销：各地新华书店
版　　次：2018 年 5 月第 1 版
印　　次：2018 年 5 月第 1 次印刷
开　　本：880×1230　1/32
印　　张：6.5
字　　数：155 千字
定　　价：28.00 元

# 前　言

　　员工的安全行为规范是指企业从业人员应该具有的共同的行为特点和工作准则，它带有明显的导向性和约束性，通过倡导和推行，能够使员工形成自觉意识，起到规范员工的言行举止和工作习惯的效果。

　　同时，安全行为规范也是企业文化的重要支撑和保证，行为规范的灵魂就是执行力，强调行为规范就是要突出建设行为规范执行力，整体提高员工素质，使其能够真正达到为安全生产保驾护航的目的。

# 目 录

# 第一章

## 员工安全行为规范

# 第一节　安全行为规范的建设与养成

## 一、安全行为建设的基本原则

1. 实事求是、与时俱进的原则；

2. 依法管治、强制执行的原则；

3. 以人为本、安全为先的原则；

4. 科学管理、量化细化的原则；

5. 简单明了、便于操作的原则；

6. 全员参与、重在落实的原则。

## 二、安全行为建设的目标和要求

1. 制度性。安全行为规范对员工的生产作业行为有指导和约束作用。要真正使全体员工的安全行为规范化，就必须把安全行为规范制度化，使员工的安全价值理念充分地体现在生产作业活动中，形成一种制度，通过制度来规范和约束员工的行为。

2. 实践性。安全行为规范来源于实践，同时又指导实践，它不仅表现在安全管理的各种规章制度中，更应体现在员工的安全行为中。

3. 渗透性。要将安全行为规范渗透到员工的思想中，就必须加强安全文化宣传教育。也就是要用企业的安全价值理念去引导和熏陶员工的思想，让所有的员工都认同企业安全价值理念，并在现实中用这种安全价值理念指导自己的行为。

4. 激励性。对自觉遵守安全行为规范的员工进行奖励，对无视安全行为规范的员工进行批评，甚至进行处罚。以此来提高员工遵章守纪的自觉性。

5. 系统性。安全行为规范的最终目的是形成一种内容充实的系统性的安全行为文化，这种系统性的安全行为文化将对员工产生内在的约束力，激发员工的安全生产积极性、主动性和创造性。

### 三、安全行为规范的制定

安全行为规范是领导层、管理层、员工层三大群体在安全生产活动都必须共同都必须共同遵守的制度规则。安全行为规范是针对每名岗位人员进行安全生产活动的强制性行为要求。行为规范的制定以人的行为控制为重点，使各岗位人员明确了该怎么做、不该怎么做，怎么做是对的、怎么做是错的，引导员工规范作业行为，为安全操作明确了基本标准。根据工作岗位设置，要逐级逐人制定领导层、管理层安全工作目标、工作责任、工作标准；根据作业程序和要求，制定员工层的安全工作目标、工作责任、工作标准，并进行总结归纳，精炼为口字诀、手指口述、安全确认、安全环境描述等，使安全行为规范融于心、融于眼、融于口、融于手、融于行。

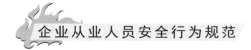

1. 领导层安全行为规范主要包括：

（1）公开承诺。单位领导层应适时亲自公布企业相关安全承诺与政策，参与安全责任体系的建立，做出重大安全决策。

（2）责任履行。在企业人事政策、安全投入、员工培训等方面，单位领导层应充分履行自己的安全职责，确保安全在各工作环节的重要地位。

（3）自我完善。单位领导层应接受充分的安全培训，加强与外部进行安全信息沟通交流，全面提高自身安全素质，做好遵章守制、安全生产的表率。

2. 管理层安全行为规范主要包括：

（1）责任履行。单位管理层应明确所担负的建立并完善制度、加强监督管理、改善安全绩效等重要安全责任，并严格履行职责。

（2）指导下属。单位管理层应对员工进行资格审定，有效组织安全培训和现场指导。

（3）自我完善。单位管理层应注重安全知识和技能的更新，积极完善自我，加强沟通交流。

3. 员工层安全行为规范主要包括：

（1）安全态度。主要从安全责任意识、安全法律意识和安全行为意向等方面，培养对待安全的态度。

（2）知识技能。除熟练掌握岗位安全技能外，还应具备充分的辨识风险、应急处置等各种安全知识和操作能力。

（3）行为习惯。应养成良好的安全行为习惯，积极交流安全信息，主动参与各种安全培训和活动，严格遵守规章制度。

（4）团队合作。在安全生产过程中，同事之间要增进了解，彼此信任，加强互助合作，主动关心、保护同伴，共同促进团队安全绩效的提升。

## 四、安全行为规范的控制

遵守安全法规、执行安全标准、履行安全职责、遵守安全规程、强化自我管理，让安全成为习惯是安全行为规范控制的核心。一要构建安全行为控制机制，以职业健康安全管理体系载体，落实程序控制，完善绩效监测、内部审核、管理评审三层监控机制。二要建立不安全行为预警系统，强化监督检查，注重动态过程中对员工的不安全行为纠正。三要实施走动式管理，重点解决安全生产中存在的安全管理上下脱节、违章屡禁不止、低级错误频发等问题。四要严格安全责任追究，实施安全问责制，杜绝责任虚化。

1. 对领导层。要牢固树立"依法治安"的安全观念，即按安全法律、法规的要求来进行企业安全生产管理，做到企业安全管理不违法。

2. 对管理层。应牢固树立"执行安全技术标准、规程和履行安全职责"的观念，即按国家、行业安全标准与规范、规程进行生产经营，做到生产经营

不违反各类安全规范和安全标准，工作中不违章指挥切实履行个人岗位的安全职责。

3. 对员工层。应牢固树立"遵守安全操作规程"的观念，既按工种和机械设备的安全操作规程进行作业，工作中不违章作业。

4. 每个岗位人员都应自觉遵守安全法律法规和企业安全规章制

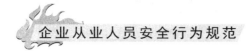

度，在工作中自律，做到不违章指挥、不违章作业、不违反劳动纪律；同时，在日常工作中要结合工作，努力学习安全技术知识，掌握安全技能，通过自我管理，逐渐养成良好的安全行为习惯。

### 五、安全行为规范的养成

安全行为规范的养成，要用组织的、强制的手段做保证，促使每个人有被动到主动，由不自觉到自觉，由不习惯到习惯，逐步提高其规范化的程度。要通过明确行为规范、加强行为控制，培育行为养成系统。

1. 领导层要严格落实安全工作"五同时"，重视关心安全工作，及时研究解决安全问题，指挥、决策、落实安全工作符合安全规律。

2. 管理层要主动把安全工作摆放在突出位置，增强履责意识，充分发挥桥梁和纽带作用，指导下属、带领职工主动落实安全任务。

3. 员工层要注重自我完善，达到安全目标明确，安全责任清晰，安全技能胜任岗位工作需求，能够自觉履行安全职责，自觉消除事故隐患，自觉抵制"三违"行为，实现自我约束、自我监督和自我控制。

# 第二节　员工安全行为规范

## 一、安全行为规范总体要求

为落实安全第一、预防为主、综合治理的方针，加强安全生产管理。提高员工及所有作业人员的安全意识及安全文化素质。规范安全生产行为，消除各种违章违禁现象及事故隐患，杜绝各类事故的发生。保障员工及所有作业人员的人身安全与健康，促进企业的生产与发展。

## 二、行为规范实施细则

1. 凡从事生产作业及相关辅助、管理工作的人员，都必须自觉接受三级安全教育，认真学习、执行党和国家、上级公司、各级劳动部门及公司颁发的各项安全生产方针政策、法规和制度，不断增强安全意识，增长安全技术知识，提高自我保护的能力，实现"三不伤害"要求，保证每个人员的安全健康及生产的顺利进行。

2. 所有作业人员必须时刻保持"安全第一"思想，严格遵守安全生产责任制和各项安全操作规程，严禁违章指挥、违章作业。

3. 进入生产区域作业，必须严格遵守"三戴一不戴"，并按规定正确穿戴劳动防护用品，做好自我保护。例如：女工长发和刘海儿不得露出防护帽，割、焊工、机加工不得戴纱手套作业；电工、焊工、机加工等作业人员进入岗位严禁佩戴各种金属饰品及非金属挂件；在作业区域内不准赤脚、赤膊，进入生产现场不准穿凉鞋、拖鞋、高跟鞋、裙子等。

4. 作业前，首先须清点自己所带的工具设备数量并确保完好；作业时，应集中思想，严禁嬉戏打闹和串岗、离岗、睡岗；作业结束，要做到工完料清、场地净，并仔细清点个人工具设备用品是否按数收回，严防遗落在产品关键要害部位。

5. 必须注意识别作业区域内各种安全标志。

6. 从事特种作业人员，必须经安全技术培训考核合格，持有政府劳动部门颁发的《特种作业操作证》才能独立操作。未经培训考核合格的人员须在有证人员带领下工作，严禁违章无证操作。

7. 任何人不准触弄与本工种、本岗位工作无关的开关按钮，不得擅自动用与本职无关的机电设备和专用器材。停电、停车进行拆修设备时，必须在合闸处、操作处挂贴禁动标志，必要时应派专人监管；检修完毕，应立即解除禁动标志。严禁非岗位人员、无证人员擅自进入要害部门、动力站房。

8. 作业现场区域内主要道路、生产区域通道必须保持畅通，严禁擅自占用；作业区域内车辆限速 15 km/h；机动车与自行车都必须靠右行驶，行人尽量靠右行走或走人行道；自行车不准载人、不准在车间内穿行。

9. 作业区内行走，必须看清上下左右环境，遵守标牌提示，注意声光警戒信号；不准双手插入衣裤袋；登高必须双手扶梯攀登，所带物品必须紧扎牢固，防止脱落伤人；上下船只必须走浮桥或由专人架设的跳板（跳板下应挂好安全网），码头与船旁严禁跳越。

10. 明火作业严格遵守"明火十不烧"的规定。严禁用割炬、焊炬等生产作业工具照明、取暖。严禁用氧气作通风、降温或身体吹尘。不准在非指定地点吸烟，严禁乱扔烟蒂。

11. 起重作业必须遵守"起重十不吊"的规定，不得在吊运物体下站立、行走。指挥人员必须佩戴明显标志。钢丝索具严禁在糙物、锐物上托拽、摩擦、敲砸。

12. 两人以上多人协同操作，必须由班组长指定有操作经验的专人负责、统一指挥。

13.任何人不准擅自拆除各种设备的安全防护装置和应急设施。因生产临时需要拆卸移位时，现场必须有专人监护或设置警示标志，作业完毕后，拆卸人应立即将其恢复原样。

14. 在狭小舱室及容器内工作时必须加强通风，并实行双人监护制，防止窒息、中暑、触电等事故的发生。非作业时间严禁将带有易燃助燃和二氧化碳气体气源的工具皮带搁置在舱室内。严禁用带压的动能风管口对人。

15. 所有生产人员上岗作业前和上班时间严禁喝酒。

16. 严禁在船坞内、码头边的水中游泳或擅自捕捞。严禁向水域及阴沟下水道中倾倒垃圾、废油、污染物。严禁在厂区内（包括作业区）、产品上随地大小便、随意倾倒污染物。冬季严禁用电灯泡、电炉取暖。因生产或工作需要使用明火炉、电加热器的，必须经安全部门许可。

17. 严禁用汽油、柴油、香蕉水等油类及易燃易爆物品引火。

18. 如遇发生重大事故或险肇事故，在场人员要及时报警、保护现场、组织抢救，并立即向领导及安全部门报告。

19. 任何人员都有责任对违反安全规范、安全操作规程的行为及时加以制止，发现事故隐患、事故苗子必须立即向有关领导报告。

20. 任何人未经批准不得擅自带领外来人员在作业现场参观；经批准并带领参观的人员，必须负责检查落实对参观者的安全穿戴要求，告知安全保护要则，并对其安全负责。

## 三、员工安全生产行为标准

### 1. 员工安全生产行为标准通则

（1）上岗前，应按照操作要求和本工种规定穿戴好劳动防护用品。所用劳保用品损坏、失效及时按公司规定程序申领。

（2）进入现场要注意现场标识、提示信号等各种安全警示，要服从现场安全规定和指挥，不得跨越运转设备，不得擅自进入明令禁止入内的危险区域，不得指使他人违反安全操作规程和作业标准进行操作，不得动用他人设备。

（3）工作前应确认工作环境与现场是否整洁有序，路面、楼梯、走廊是否平整，有无油污、积水、积雪和积冰。确认工作环境有充足的采光，栏杆完整，井盖齐全。

（4）上岗前应充分了解作业内容，检查现场作业中有无造成触电、着火、爆炸、坠落、中毒、中暑、烫伤、烧伤等不安全因素，是否采取有效的防范措施，确认安全后方可上岗作业。

（5）非本岗位人员不准乱动电气、机械设备、氧气、乙炔等各类阀门开关。

（6）严禁在禁烟区内吸烟。班前、班中不准饮酒、班中不准窜岗、打逗。不准将与工作无关的人员或物品带入作业现场。

（7）不得在厂区和办公场所焚烧杂物。

（8）员工应熟悉火灾应急预案，发生火灾时应尽可能切断电源，拨打火警电话 119。扑救初起火灾，要选用正确的消防器材并站在上风侧。日常准备毛巾等必备的防火逃生工具，火势无法控制时要及时撤离。

（9）员工在进行带压清扫堵塞的管道时，出口法兰处禁止站人。

（10）切割或拆除管道、钢结构架等重物时，应站在可靠固定的一侧。可能坠落或切割可能弹动的一侧应用绳子或链式起重机牵引、缓慢落地。

（11）用人力垂直或倾斜地拉动物体应有防止突然坠落、断落、脱落的措施。

（12）使用大锤时，禁止戴手套和对面打锤。

（13）堆放物品时应由低往高堆放，形成梯形，底脚卡牢，下大上小；平面物品要压缝堆放，取出物品时应自上而下，禁止从中间抽取。

（14）拆除工作前应有安全预案，并做到自上而下逐步确认，预防倒塌，时刻注意自己和他人的安全。

（15）工作场所内不准坐、靠栏杆休息，上下楼梯必须手扶栏杆。严禁翻越平台、窗台、门梁、护栏等。

（16）徒手搬运重物（尤其是楼梯处）要注意搬运的适当姿势和施力，持稳后再慢慢垂直起身，防止造成身体的扭伤或拉伤，或重物掉落造成压伤或挫伤，注意周围环境状况，保持警觉。

（17）在过道、室内、洗手间等湿滑地面行走要注意慢行，防止滑倒摔伤。

（18）打热水时，必须先将热水瓶口对准热水龙头口再打开龙头，水满时及时关闭龙头。提水上楼，要提稳走实并使热水瓶与身体保持一定安全距离，以防热水瓶爆裂造成烫伤。定期检查热水瓶支胆托和提把的安全可靠程度，不合格就及时更换。

（19）接待活动中要给来访者以适当的安全提示、提供必要的防护用品，并安排熟悉现场的人员专人陪同和监护。

（20）安全生产"十不准"：

① 不准违章操作、违章指挥。

② 不准班前、班中饮酒。

③ 不准脱岗、睡岗。

④ 不准开超速车。

⑤ 不准随意进入要害部位。

⑥ 不准擅自开动各种开关、阀门和设备。

⑦ 不准穿戴不规范防护用品上岗。

⑧ 不准在起吊物下行走或逗留。

⑨ 不准在厂房内奔跑。

⑩ 不准在厂内燃放烟花爆竹。

**2. 防机械伤害**

（1）工作前认真检查工具是否安全可靠，不使用不合格工具。工作结束后工具应放在规定的位置。

（2）开动设备前，必须与相关及周围人员联系（鸣铃示警等），做好现场确认，无误后方可开动。

（3）不开动防护设施短缺或失效的设备。

（4）检修、清扫、调整、润滑机械设备时，应停机、拉闸挂牌。必须在运行中调整的，要设专人监护，并有防止人体与运动部位接触的措施。

（5）设备检修、清理后，应恢复安全防护设施，并保证齐全有效。

（6）发现安全故障或隐患时，应采取相应防护措施，并报告有关领导，及时整改。

（7）检修中拆除了安全栏杆、围墙等安全设施后，必须以临时措施代替，检修后按原设计修复或恢复。

（8）对运转设备或车辆检修后，应由检修人员、操作人员共同认可，由操作人员试车。

（9）员工严禁跨越皮带、托辊、机电的旋转的机械设备，禁止隔机传递工具，上、下传递工具时不许掷、抛。

（10）对设备的转动部位加油时，须使用长嘴加油器。

### 3.防起重伤害

（1）天车（吊车）司机必须认真执行"十不吊"。

（2）吊装物品时，必须有防倾倒措施，坠落半径内不准有人。

（3）严禁超负荷使用各类起重设备和工具。

（4）进行起重作业前，应检查所有的工具是否存有缺陷。

（5）起重支点、吊点、固定点必须确认牢靠。

（6）吊车在坑、沟边沿及架空线下作业，应保持足够的安全距离。

（7）配合吊车作业的人员不得站在吊臂下及旋转范围内。

（8）吊有尖锐棱角物体时，要在钢丝绳与物体棱角间加保护垫，防止因重物尖锐棱角对钢丝绳产生折损而造成绳断，物体坠落伤人。

（9）多人进行起重作业时，必须由一人统一指挥，指挥手势、信号要明确。

（10）吊物不准从人体或重要设备上经过，物体吊运过程中不得拖拉碰撞，吊物上不准站人。

（11）检修天车时，必须停电、挂牌，必要时地面设警戒线，并指派专人监护。

（12）天车对汽车进行装卸货物时，汽车司机禁止待在驾驶室内。在装卸过程中，天车起吊或落吊时汽车上禁止有人。

（13）上下天车、龙门吊等起重设备时，要与司机联系好，待车停稳后，再上下车。

（14）天车工"十不吊"规定：

超负荷不吊；

斜拉歪拽不吊；

吊物上站人不吊；

物体埋在地下不吊；

重量不清不吊；

易燃易爆物品不吊；

安全装置不灵不吊；

捆绑不实、物体不在中心不吊；

信号不清不吊；

无人指挥或违章指挥不吊。

### 4.防触电伤害

（1）非电气专业人员不得进行电器安装与维修，不得擅自接电源。

（2）电气专业人员在安装、维护、检修电器设备后，不得留有隐患。

（3）严禁使用未经检测合格的绝缘工器具。

（4）移动电器电源线不准拖拉，电源接长线只允许有一个接头，并不准裸露金属线。

（5）手持电动工具、移动式电气设备，必须执行"一机一闸一保护"制度，并定期校验，确保灵敏可靠。

（6）对电风扇、电焊机等可移动式电气设备，在移动时应做到先拉闸、后移动。

（7）任何人未经许可，不得私自拆除电气连锁装置、防护装置、信号装置。

（8）擦拭清理电器设备时应先停电，不准用水冲、不准用酸、碱水擦洗。

（9）电焊机的一次线（电源线）长度一般不得超过 5 m。

（10）使用的明电线（滑触线）高度不宜小于 3.5 m，如低于 3.5 m 的明电线应有安全网罩，并设置明显的安全标志或信号指示灯。

（11）严禁在雨天室外使用电钻、手砂轮、手电锯等电动工具。使用手灯时必须使用 36 V 以下的安全电压供电，在潮湿的环境作业应使用绝缘柄的手灯。

（12）日常办公使用电器时插头与插座／插盘应按规定正确接线，插座／插盘的保护接地极在任何情况下都必须单独与保护线可靠连接，插座／插盘应置于避免溅水位置。严禁在插头（座）内将保护接地极与工作中性线连接在一起。在插拔插头时人体不得接触导电极，不应对电源线施加拉力。用电设备在暂停或停止使用、发生故障或遇突然停电时均应及时切断电源，必要时应采取相应技术措施。当电气装置的绝缘或外壳损坏，可能导致人体触及带电部分时，应立即停止使用，并及时修复或更换。

（13）办公室内的重要办公设备如电脑、打印机、复印机、传真机、扫描仪要妥善保管使用，下班前应确保一切设备处于关闭状态。长时间不用电器时（如节假日）还须把插头拔下，以防开关失灵、长时间通电损坏电器，造成火灾。

（14）迅速脱离电源的方法：

发现有人触电时，应立即拉闸停电。距电闸较远时，可使用绝缘钳或干燥木柄斧子切断电源。

救护人员不得用手拉或用金属棒、潮湿物品救护，应使用绝缘器具使触电人员脱离电源。

在电容器或电缆线路中解救时，应切断电源进行放电后，再去救护触电人员。

高压触电，应在保证救护人员的安全情况下，因地制宜采用相应的救护措施。

解救触电人员时，要做好防护，以免触电人员受到二次伤害。

## 5.防压力容器伤害

（1）压力容器运行不准超过最高工作压力。

（2）安全附件不齐全或附件损坏，不准使用。

（3）不准随意调整、拆卸安全阀。

（4）应经常检查压力、温度、液位，发现不正常立即上报，采取有效措施。

（5）安全阀使用前必须经过检验合格后，方可使用。

（6）压力容器应确保防腐层完好无损，安全装置齐全、灵敏、紧固件必须完整可靠，材料符合设计要求。

（7）上氧气表应先打开总阀稍放一点气，吹净接口处的灰尘，再上气表，气表旋入深度不得少于5扣，开气时不准气口对准人。

（8）开氧气时，先开气瓶总开关再顶气表顶丝，防止气瓶冲天杆扭坏冲出伤人。关氧气时，先松气表顶丝，后关总阀。

（9）气瓶阀门不准一次开得过大，压力不足时再进行调整。

（10）气瓶的各种漆色，须保持完好，不得涂改。

（11）气瓶应距离暖气和其他水暖设备1 m以外，夏季存放避免曝晒；气瓶与明火的距离不得小于10 m,乙炔、氧气瓶距离不得少于5 m。

（12）瓶阀冻结时严禁用火烘烤，必要时用温水解冻。

（13）严禁用电磁吊和链绳吊装搬运。

（14）搬运气瓶时要轻装轻放，严禁抛、滑、敲击碰撞。

（15）乙炔瓶使用时要注意固定，防止倾倒，严禁卧放使用。严禁把气瓶同电气接地线相连。

（16）乙炔瓶严禁放在通风不良或有放射线的场所，且不得放在橡胶等绝缘体上。

（17）氧气瓶、乙炔瓶，胶皮管不准有油污，严禁使用无防震圈、无安全帽和无校验钢印及无阻火器的氧气瓶和乙炔瓶。

（18）乙炔气瓶使用时必须装上专用减压器，回火防止器，开启时操作要轻、缓，身体应站在阀门的侧后方。

（19）瓶内气体严禁用尽，必须留有一定的剩余压力。

（20）气瓶在使用、运输和储存时，环境温度一般不能超过40℃，超过时应采取有效措施。而且不得同易燃易爆物品同车运输。

（21）储存间应有专人管理，并应有"危险""严禁烟火"等标志。现场存放的气瓶不得超过 5 瓶。

（22）储存间与明火（含火花）的距离不得小于 15 m。

（23）瓶上有裂纹或压伤，瓶嘴零件损坏；瓶嘴不合乎规定时，禁止使用。

（24）高空作业时，乙炔瓶、氧气瓶必须离开作业区 5 m。

**6. 防中毒、窒息伤害**

（1）煤气区域禁止停留、吸烟、烤火等。动火作业必须办理动火证，带煤气作业必须办理许可证。

（2）进入容器、储罐、槽、池、沟、坑、管道等内作业检修时，必须采取可靠的安全防护措施，经检测确认无误后，方可作业。作业现场设专人监护，并准备救护工具及联络信号。进入污水沟、井等作业时，必须检测确认无误后，方可作业，并要有专人监护。

（3）冬季在工作区域内禁止使用明火取暖。

（4）通过煤气排水器时，应尽量远离设施通过，遇有煤气泄漏时，应服从现场专业人员指挥，或向上风头侧逃生。

（5）员工在可能接触到有毒气体、液体的设备内作业时，需设监护人；直接接触酸碱时须戴胶质手套与防护眼镜。

### 7.防高处坠落伤害

（1）在 2 m 以上（含 2 m）高处或临边（如屋顶、窗口、滴水檐等）作业时（含悬挂钟表、换电池、擦拭玻璃、登高清洁等），必须系好安全带。无法系安全带的作业必须采取可靠安全措施。

（2）高处作业时首先应检查梯子（踩踏物）、安全带等工具是否牢靠完整。严禁使用不符合规定的工具。

（3）2 m 以下登高作业，踩踏物品要牢靠，不得用易碎、易折物品作为踩踏物。凡患有高空禁忌病症的人员，一律不能从事高处作业。

（4）高处作业时要设专人监护，必要时设警戒线，防止行人、车辆穿过。

（5）高处作业需传递工具时，应用带绳传递物料，不得上下抛掷。

（6）严禁直接在石棉瓦等易碎易折的板材顶棚上作业或行走。如需在在轻型顶棚内或顶棚上作业时，应铺设脚手板操作。

（7）不准在六级以上强风或大雨、雪、雾等恶劣天气下从事露天高处作业。

（8）高处作业中涉及垂直交叉作业时要采取安全确认办法，

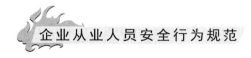

设专人监护或设置隔板。

（9）挖土方工作时，深度超过 1.5 m 要有防塌方措施。

（10）搭设的平台、脚手架不得超负荷使用。

### 8.防车辆伤害

（1）行人须遵守下列规定：

不准在车行道、桥梁、隧道或交通安全设施等处长时间逗留。

不准穿越、攀登或跨越高速公路隔离设施。

不准横过画有中心实线的车行道。

（2）乘车人须遵守下列规定：

不准在机动车道上等候车辆。

在车行道上不得从机动车左侧上下车，开关车门时，不准妨碍其他车辆和行人通行。

驾驶机动车的人员无驾驶证或饮酒后应制止并拒乘。

车辆在行驶中不准与驾驶员闲谈或妨碍驾驶员操作。

不准向车外投掷物品。

乘坐摩托车只准坐在驾驶员身后的座位上，不准侧坐或倒坐。

乘坐公交车辆、通勤班车，依次在站点候车，待车停稳后，方可按顺序上下。

不准在车辆行驶中开启车门、车厢。

机动车发生故障或交通事故须在车行道停车时，除紧急救险外，乘车人须迅速离开车辆和车行道。

（3）厂区行驶司机须遵守下列规定：

司机负责监装监卸，确保装物符合规定，并做到运输途中不散落掉物。

检修自卸汽车时，必须在翻斗撑起时，加保护支撑和垫木，防止翻斗下落伤人。

厂内行驶车辆严禁超速、超长、超宽、超高、超重，不得人货混装。铲车、叉车、吊车不准违章带人。机动车必须按指定位置停放。

倒车时要确认周围人员安全，指挥倒车人员要注意自我保护。

司机行车要严格遵守有关安全交通法规、噪声控制法规及公司交通安全管理规定，发现违章及时制止和处理，加强车辆日常维护和保养，确保车辆符合安全要求。

### 9. 防护用品用具使用安全要求

（1）脚扣、安全带（腰绳）：

脚扣、安全带（腰绳）使用前应检查是否结实可靠，有无开焊、断裂，铁环及钉头有无伤痕，皮带有无硬脆、开线现象。

根据电杆的规格直径选用和调整脚扣，上杆时跨步应合适，脚扣不应相撞。

使用安全带（腰绳）松紧要合适、系牢，结扣处应放在前侧的左右。腰绳直径不得小于20 mm，不准有接头，使用时应系死扣。

在杆上或高处作业时，安全带（腰绳）不得拴在杆尖、横担、瓷瓶、拉带或其他活动构架上。

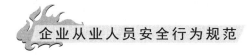

（2）梯子：

①定期进行检查及试验，对不符合要求的梯子不准使用。

②梯子应能承受工作人员及携带工具攀登的重量。

③梯子的下部应有防滑胶皮。

④直梯使用时倾斜角应保持 60° 左右，上梯子时应有专人扶梯，扶梯人应戴安全帽，直梯不准平放使用。

⑤不准两人同上一梯工作。

⑥在梯子上作业时，应注意全身重心，有人工作时不准移动。

（3）手持式电动工具和移动式电器设备：

①应设专人负责保管，定期维修保养和检修。

②每次使用前，必须经过外观检查和电气检查，其绝缘强度必须保持在合格状态。

③手持式电动工具（不含Ⅲ类）和移动式机电设备，必须按要求使用漏电保护器。

④导线必须使用橡胶绝缘软线，禁止用塑护套线，导线两端连接牢固，中间不许有接头。使用的护套线必须有一芯专接保护性接地（接零），黄绿相间导线作接地（接零）用。

⑤应在干燥、无腐蚀性气体、无导电灰尘的场所使用，雨、雪天气不得露天作业。高处作业应有相应的安全措施。

⑥必须遵守有关的专业规定，并配备使用相应的安全工具。

（4）临时用电线路：

①安装临时线路前必须进行申请，审核批准后方可施工。

②临时线路施工必须在主管电气人员、安技人员监督下进行，在易燃易爆场所架设临时线还应有安全人员参加。

③临时线路必须沿墙或悬空按固定线路架设，必须采用绝缘良好的橡皮线，线路必须与负荷相匹配，必须设总开关控制，如有

分路应设与负荷相匹配的熔断器，露天作业的要有防雨措施。

④ 临时线路必须设有专人负责，实行安装、使用、拆除全过程管理。

⑤ 临时线路上的作业，停送电等事宜均按固定线路规定进行。

## 四、通用安全生产行为规范

### 1. 日常安全行为规范

员工不得将贵重、大件私人用品存储于公司办公场所或仓库。

员工下班前认真检查本岗位、办公场所，消除水、电、气等设备存在的隐患。如本人不能解决，下班前应立即报告主管领导。

员工下班锁好各自的工具箱、办公桌抽屉、办公室门。

发现事故苗头、可疑或不法行为的人或事应先立即向主管部门报告。

做好交接班工作，实现班次之间无缝衔接。

不得将亲友或无关人员带入工作场所，不准在值班场所或宿舍留宿客人。

不准私接电源，不准使用电炉，不准在禁烟区抽烟。

不准将打火机、火柴、香烟等带入易燃易爆场所或仓库。

不准偷盗个人或公司财物，捡到物品一律上交管理部门。

防火、防盗、防灾、防破坏、防恶性事故，是每个员工应尽的义务，要敢于与破坏公司安全的坏人坏事做斗争。

员工自觉接受安全教育，增强安全防范意识。

上下班、外出公干、出差，应严格遵守道路交通法规、条例，确保人身、财物安全。

### 2. 发现火情应采取的措施

保持镇静，力戒惊慌。

火情小，立即使用附近的灭火器，将火势消灭在萌芽状态。

火势大，不能处理，立即拨打火警电话119，准确报告起火地点，燃烧物质等情况。

关掉一切电源开关，关闭火灾现场的门窗。

迅速呼叫同事及员工援救。

利用附近灭火设备，尽力将火扑灭。

服从现场领导的指挥，见义勇为，奋力扑救。

接到疏散通知，有序不乱地向安全通道或安全出口转移，撤离现场。

明火、焊接、高空作业、必须要有安全、防火措施，必须事先经主管批准才能进行。

积极参加防火演习，了解有关消防知识；熟记火警电话，熟悉电源开关，安全出口通道，灭火器具体位置及使用方法。

### 3. 出现意外事件应采取的措施

如遇意外伤害事件，应照顾伤者或协助转送医院。

拨打急救电话120。

对紧急事件处理的要求：

（1）对突发事件保持镇静。

（2）迅速通知有关部门和领导。

（3）在自身安全情况下适时处置。

（4）无关人员不准进入事故现场。

（5）对外界应暂时封锁消息，对外发布信息由公司发言人发布。

### 4.作业行为的安全生产规定

凡不符合安全生产要求，有严重危险的厂房、生产线和设备，每一位职工都有权建议停止操作，并及时报告领导处理。

生产上岗安全要求：

（1）入厂新工人，临时参加劳动及变换工种的人员及机器操作人员，未经安全教育或安全教育考试不合格者，不准参加生产。

（2）电气、发电、制气、焊接（切割）、司炉、司机等特殊工种均应经专业培训和考试合格凭证操作。

生产作业工作前进行严格检查，排除隐患。

生产前，必须按规定穿戴好防护用品，女工要把发辫放入帽内，旋转机床严禁戴手套操作。

检查设备和工作场地，排除故障和隐患。

不准带小孩进入工作场地。

保证安全防护、信号保险装置齐全、灵敏、可靠，保持设备润滑及通风良好。

不准穿拖鞋、赤脚、赤膊、戴头巾、系围巾工作。

上班前不准饮酒。

生产作业中必须集中精力，坚守岗位。

不准擅自把自己的工作交给他人。

不准打闹、睡觉和做与本职工作无关的事。

运转的设备，不准跨越或传递物件及触动危险部位。

不得用手拉或嘴吹切削屑末。

不准站在砂轮正前方进行磨削。

各种机器不准超限使用。

中途停电，应关闭电源。

调整检查设备，需要拆卸防护罩时，要先断开电源后关机维护。

设计有防护罩的机器，不准在没安装好防护罩的情形下开机。

搞好文明生产，保持厂区、车间、库房、通道等整齐清洁和畅通无阻。

严格执行交接班制度。

上班下班必须切断电源、气源，熄灭火种，清理场地。

车间主管应巡查确认无误后，方可离开工作场地。

两人以上共同工作时，必须互相配合积极完成上级所派任务。

夜班、加班以及在封闭厂房作业时，必须安排两人以上一起工作。

厂内行人要按指定通道通行。

严禁从行驶中的机动车辆中爬上、跳下。

车间内不准骑单车。

严禁图方便而跨越危险区。

厂区道路施工，需要绕行。

厂区道路施工，要设安全遮拦和标记，夜间设警示灯。

操作工必须熟悉所操作设备性能，工艺要求和设备操作规程；

设备应设专人、定员操作。

开动本工种以外的设备时，须经有关领导批准后方可操作。

严禁擅自启动非本工种设备。

检查修理机械、电气设备时，必须挂停电警示牌，设专人监护，停电牌必须谁挂谁取。非指定工作人员严禁合闸。开关在合闸前要细心检查，确认无人检修时方准合闸。非电气人员不准装修电气设备和线路。所使用的手提电动工具必须安全可靠，有良好的接地或接零设施。

各类安全防护装置、照明、信号、监测仪表、警戒标记、防雷装置等，不准随意拆除或非法占用。

一切电气、机械设备的金属外壳必须有可靠的接地安全设施。

对易燃、易爆、剧毒、放射和腐蚀等物品（酒精、丙酮、硫酸），必须分类妥善存放，并设专人严格管理。

易燃、易爆等危险场所，严禁吸烟和明火作业。

不得在有毒、粉尘生产场所进餐、饮水。

生产有害人体的气体、液体、尘埃、放射线、噪声的场所、生产线和设备必须配置相应"三废"处理装置或安全保护措施，并保持良好有效。

变电、配电室、发电机房、空压机房、油库、危险品库等要害部门，非本岗位人员未经批准严禁入内。

各种消防器材，工具应按消防规范设置齐全，不准随便动用，安放地点周围不得堆放其他物品。

发生重大事故或恶性未遂事故时要及时抢救，保护现场并立即报告领导和上级领导机关。

注意自身安全保护，明确自身安全责任，避免吸毒等恶性事故造成人为伤亡。

### 5.作业现场安全保护

（1）厂区内及仓库严禁吸烟及携带引火物品。

（2）易燃、易爆等危险物品应放于指定的安全地点，不得携入工作场所。

（3）仓库及生产车间内注意通风散热，易燃物含挥发性易燃物应标明"严禁烟火"字样。

（4）灭火器材按规定的专用保险丝，不允许用铝、铜、铁丝等代替保险丝。

（5）焊接需持证操作，防止附近有易燃物。

（6）防止加工机械运行过程中摩擦生热着火，电源闸刀开关上不应有木屑、粉尘等易燃物。

（7）喷漆车间必须安装防爆装置和排风装置，及时排出易燃气体，严格控制油漆和溶剂的贮存量。

（8）供电电线不能裸露且应保持清洁，不允许粘有化学性物质和粉尘。

（9）发现火灾隐患及时移开易燃物，发生火灾时先拨打火警电话"119"，支援消防队应立即赶赴现场组织抢救。

（10）设置消防储水池，保持池内水满，水池上存放足量水桶。

### 6. 身体伤害保护

（1）禁止湿手合闸。

（2）未经允许不准私自操作不属自己负责的机器设施。

（3）发生伤害时，应及时将伤者送指定的医院抢救。

（4）在灰尘飞扬中工作或喷漆工作时，应带口罩或防毒面罩。

（5）使用电气设备时应注意绝缘是否安全，焊接作业时应戴眼罩。

（6）特种作业人员应经过培训后持证上岗。

（7）遇停电时，立刻关闭总开关。

（8）检修机器、更换保险丝、拆装机器开关或安装照明灯具时，应先关闭电源开关，并且由机电工负责处理，其他人员不得私自操作。

（9）严格按设备操作规程操作设备。

（10）操作旋转机床、电动工具时，禁止戴手套，禁止系围巾，禁止敞开衣袖，做到领口紧、袖口紧、下摆紧。

（11）机床（钻床）调位或装拆刀具（钻头）等，必须停电操作。

# 第三节　作业现场的环境安全

1. 作业现场要保持整洁，无杂物，作业用具、器材、资材、物件不乱摆乱放，废弃件、边角余料、用后的器材、资材等要及时清理归位。

2. 作业现场不得积存废水、污油，地面要勤清扫、勤擦洗，不准在生产、作业场所打闹及从事其他活动。

3. 在低矮作业环境，要注意躲避悬空管道、线槽及设备，防止磕碰头部。

4.检修、施工现场，带钉木板和捆绑支架的废弃铁丝要及时清理，不得乱扔乱放。锋利、尖锐的边角余料要靠边堆放，作业完毕要及时清走。

5.不要跑步上、下楼梯、设备平台直梯或斜梯，防止摔倒跌伤。冬季、雨雪天气上下室外楼梯和扶梯要格外注意防滑。

6.各楼层设置的吊装孔，在吊装完毕后应及时关闭好护栏，不准将身体探入口内，要注意脚下防滑，不准穿塑料底鞋作业。

7.驾驶铲车、超高车辆从架空管道、梁架、构筑物下面通过时，要注意瞭望，确认高度后，方可通过。

8.检修、施工及高空作业现场，要佩戴安全帽。闲杂人员不准在生产、作业现场逗留。

9.高空及其他危险性作业现场，要进行封拦，并设置安全警示标志。

10.作业现场的坑、井要妥善封盖，因作业需要打开后，作业时要注意防止跌入，作业完毕要及时封盖。

11.防火通道门不得锁闭，不得阻塞防火通道。出入防火门要随手关闭，不得敞开。

12.使用明火取暖的场所或热源操作现场，不准在火炉或热源旁睡觉或打瞌睡。

13. 不准在碱罐、热水罐上跨越,不准从2 m以上高度平台、扶梯、架空管路、构筑物上向下跳落。

14. 不准在作业场所乱接乱拉用电线路,不准私拉乱接用电器具。

15. 不准在行车路上或路旁坐卧、睡觉,不准在行车道路中间行走,不准在砖砌围墙下乘凉、坐卧休息。

# 第四节　作业现场安全生产管理

## 一、生产区内"十四不准"

1. 加强明火管理,防火、防爆区内,不准吸烟。

2. 生产区内,不准带进小孩。

3. 禁火区内,不准无阻火器车辆行驶。

4. 上班时间,不准睡觉、干私活、离岗和干与生产无关的事。

5. 在班前、班上不准喝酒。

6. 不准使用汽油等挥发性强的可燃液体擦洗设备、用具和衣物。

7.不按工厂规定穿戴劳动防护用品（包括工作服、工作鞋、工作帽等），不准进入生产岗位。

8.安全装置不齐全的设备不准使用。

9.不是自己分管的设备、工具不准动用。

10.检修设备时安全措施不落实，不准开始检修。

11.停机检修后的设备，未彻底检查，不准启动。

12.不戴安全带，不准登高作业。

13.脚手架、跳板不牢，不准登高作业。

14.石棉瓦上不固定好跳板，不准登石棉瓦作业。

## 二、操作工"六严格"

1.严格进行交接班。

2.严格进行巡回检查。

3.严格控制工艺指标。

4.严格执行操作票。

5.严格遵守劳动纪律。

6.严格执行有关安全规定。

## 三、动火"六大禁令"

1.没有有效的动火证，任何情况严格禁止动火。

2.不与生产系统隔绝，严格禁止动火。

3.不进行清洗、置换合格，严格禁止动火。

4.不把周围易燃物消除，严格禁止动火。

5.不按时作动火分析，严格禁止动火。

6. 没有消防措施，无人监护，严格禁止动火。

## 四、进入容器、设备"八必须"

1. 必须申请并得到批准。

2. 必须进行安全隔绝。

3. 必须进行置换、通风。

4. 必须按时间要求进行安全分析。

5. 必须佩戴规定的防护用具。

6. 必须器外有人监护。

7. 必须有抢救后备措施。

8. 监护人员必须坚守岗位。

## 五、机动车辆"七大禁令"

1. 严禁无证开车和无令（调度令）开车。

2. 严禁酒后开车。

3. 严禁超速开车。

4. 严禁空挡溜车。

5. 严禁设备"带病"行车。

6. 严禁人货混载行车。

7. 严禁超标（超高、超长、超量）装载行车。

## 六、起重作业"十不吊"

1. 指挥信号不明或乱指挥不吊。

2. 超负荷不吊。

3. 工件紧固不牢不吊。

4. 吊物上面站人不吊。

5. 安全装置失灵不吊。

6. 光线阴暗看不清不吊。

7. 工件埋在地下不吊。

8. 斜拉工件不吊。

9. 棱刃物体没有衬垫措施不吊。

10. 钢（铁）水包过满不吊。

## 七、预防事故"十问"

1. 身体状况是否正常。

2. 心理状况是否正常。

3. 班前是否进行安全检查。

4. 劳动保护用品是否穿戴。

5. 操作技术是否熟练掌握。

6. 是否会处理工作中的异常情况。

7. 自己周围是否存在危险因素。

8. 工作中是否有不良习惯。

9. 是否严格遵守安全

操作规程。

10. 是否注重消除危险隐患。

## 八、安全生产现场自律准则"20 条"

1. 要正确使用与清洁整理物料架、模具架、工具架。

2. 作业台面要整洁。

3. 正确使用、定位摆放模具、量具、工夹具。

4. 机器上不能有不必要的物品、工具，工具摆放要牢靠。

5. 私人用品及衣物等要定位置放。

6. 手推车、小推车要定位放置。

7. 塑料箱、铁箱、纸箱等搬运箱要定位摆放。

8. 润滑油、清洁剂等用品要定位放置并作标识。

9. 消耗品（如抹布、手套、扫把等）要定位摆放。

10. 物料、成品、半成品等要堆放整齐。

11. 通道、走道要保持畅通。通道内不能摆放物品（如电线、手推车）。

12. 不良品、报废品、返修品要定位摆放并隔离。

13. 易燃物品要定位摆放并隔离。

14. 下班后，要清扫物品并摆放整齐。

15. 垃圾、纸屑、烟蒂、塑料袋、破布要消除。

16. 废料、余料、吊料等要随时清理。

17. 地上、作业区的油污要清扫。

18. 垃圾箱、桶内外要清扫干净。

19. 工作环境要随时保持整洁干净。

20. 地上、门窗、隔壁要保持清洁。

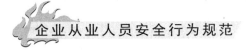

## 九、员工防火"三懂""三会"

1. 三懂

（1）一懂本岗位产生火灾的危险性。

（2）二懂本岗位预防火灾的措施。

（3）三懂本岗位扑救火灾的方法。

2. 三会

（1）一会报警。

（2）二会使用本岗位灭火器材。

（3）三会扑救初起火。

# 第二章

## 人的不安全行为

# 第一节　作业人员的13条不安全心理状态

作业人员的不安全心理状态主要表现在以下方面：

**1.骄傲自大、争强好胜**

自己能力不强，但自信心过强，总认为自己有工龄，有时也感觉力不从心，但在众人面前争强好胜，图虚荣、不计后果，蛮干冒险作业。

**2.情绪波动，思想不集中**

受社会、家庭环境等客观条件影响，产生烦躁，神志不安，思想分散，顾此失彼，手忙脚乱，或者高度喜悦、兴奋、手舞足蹈、得意忘形，导致不安全行为。

**3.技术不熟练，遇险惊慌**

操作技术不熟练，生产工艺不熟，而对突如其来的异常情况，正常的思维活动受到抑制或出现紊乱，束手无策，惊慌失措，甚至茫然无措。

**4.盲目自信，思想麻痹**

特别是青年工人和一部分有经验的老工人，他们在安全规程面前"不信邪"，在领导面前"不在乎"，把群众提醒当成"耳旁风"，把安监人员的监视视为"大麻烦"。盲目自信，自以为绝对安全，我行我素。

**5.盲目从众，逆反心理**

看见别人违章作业，也盲目照着学，对执行安全规章制度有逆反心理。如登高作业把安全帽系在腰间；看见领导来了赶快脱下手

套，领导一走又戴手套操
作旋转机床。

### 6. 侥幸心理

侥幸心理是许多违章
人员在行动前的一种重要
心态。有这种心态的人，
不是不懂安全操作规程，
缺乏安全知识，也不是技
术水平低，而多数是"明
知故犯"。在他们看来，
"违章不一定出事，出事
不一定伤人，伤人不一定
伤我"。这实际上是把出
事的偶然性绝对化了。在

实际作业现场，以侥幸心理对待安全操作的人，时有所见。例如，
干某件活应该采取安全防范措施而不采取；需要某种持证作业人员
协作的而不去请，自己违章代劳；该回去拿工具的不去拿，就近随
意取物代之等。

### 7. 惰性心理

惰性心理也可称为"节能心理"，它是指在作业中尽量减少
能量支出，能省力便省力，能将就凑合就将就凑合的一种心理状
态，它是懒惰行为的心理根据。在实际工作中，常常会看到有些
违章操作是由于干活图省事、嫌麻烦而造成的。例如，有的操作
工人为节省时间，用手握住零件在钻床上打孔，而不愿动手事先
用虎钳或其他夹具先夹固后再干；有些人宁愿冒点险也不愿多伸
一次手、多走一步路、多张一次口；有些人明知机器运转不正常，

但也不愿停车检查修理，而是让它"带病"工作。凡此种种，都和惰性心理有关。

### 8.无所谓心理

无所谓心理常表现为遵章或违章心不在焉，满不在乎。这里也有几种情况：一是本人根本没意识到危险的存在，认为什么章程不章程，章程都是领导用来卡人的。这种问题出在对安全、对章程缺乏正确认识上。二是对安全问题谈起来重要，干起来次要，比起来不要，在行为中根本不把安全条例等放在眼里。三是认为违章是必要的，不违章就干不成活。

无所谓心理对安全的影响极大，因为他心里根本没有安全这根弦，因此在行为上常表现为频繁违章。有这种心理的人常是事故的多发者。

### 9.好奇心理

好奇心人皆有之。它是人对外界新异刺激的一种反应。有的人违章，就是好奇心所致。例如，刚进厂的新工人来到厂里，看到什么都新鲜，于是乱动乱摸，造成一些机器设备处于不安全状态，其结果或者直接危及本人，或者殃及他人。有的人好奇心很重，周围发生什么事都会引起他的注意，结果影响正常操作，造成违章甚至事故。

### 10. 工作枯燥，厌倦心理

从事危险、单调重复工作的人员，容易产生心理疲劳、厌倦心理。

### 11. 错觉，下意识心理

这是个别人的特殊心态。一旦出现，后果极为严重。

### 12. 心理幻觉，近似差错

有些职工感到自己"莫名其妙"违章，其实是人体心理幻觉所致。

### 13. 环境干扰，判断失误

在作业环境中，温度、色彩、声响、照明等因素超出人们感觉功能的限度时，会干扰人的思维判断，导致判断失误和操作失误。

# 第二节　控制人的不安全行为

## 一、人的不安全行为影响因素

人的生理、心理、社会和精神等方面具有较大的不稳定性，一个人的行为总是受到多方面因素的影响，所以当一个人的行为受到这些因素的干扰时，就容易产生失误。影响失误的因素很多，下面从自身、外部两个方面分别介绍人失误的影响因素。

### 1. 自身方面的影响因素

从自身方面（即个体角度）来讲，个体因素可以从认知、生理、心理和素质四个方面来分析，其中，心理因素对人的行为影响最为严重，因此着重分析心理因素。

（1）认知功能

人脑接受外界输入的信息，经过头脑的加工处理，转换成内在的心理活动，进而支配人的行为。这个过程就是信息加工的过程，

也就是认知过程。

（2）生理因素

人作为一种现实的机体不可能随心所欲，完美无缺。一些人失误是由人的生理上的限制造成的，如体力界限、反应速度界限、生物节律界限等。

（3）心理因素

心理因素包括以下几方面：

① 习惯心理：正确的习惯性动作对于常规性正常工况下的作业是有效的。但在异常工况下，就可能受习惯性心理的作用，而忽视了在异常工况下才出现的特殊信息而造成失误。

② 麻痹心理：当一个人心理处于麻痹状态时，对客观外界新信息的感知力下降，会因反应迟钝造成失误。

③ 侥幸心理：存在种种侥幸心理的人认为那个可怕的"万一"与自己无缘，凭自己或他人的经验而无视章程，把偶然的侥幸推广为必然的稳定，导致本可以避免的事故发生。

④ 自负心理：过度相信自己的能力和经验，而忽视了环境的变化，这是那些技艺高超的人容易陷入的心理状态。

⑤ 紧张心理：当发生某些突发事件或非常规事件时，这些突然而又强烈的刺激会引起严重的心理紧张，一般还会伴有作业量的突然增加，作业时间紧迫，因而使大脑歪曲感知信息而陷入混乱，

能力下降，造成事故或扩大事故。

⑥ 求快心理；由这种心理的人具有一种任务感，竭力尽快完成某个目标或完成某个指标任务而不够冷静，不能全面感知、评价整个系统的即时状态而酿成事故。

⑦ 厌倦心理：除身体疲劳、人体生物节律等可使人感到厌倦外，紧张又单调的作业也十分容易使人感到厌倦，表现出对作业的无兴趣、心不在焉，因此造成失误。

⑧ 逆反心理；这种心理一般会由不满情绪郁结而成。表现为人的言行与主观愿望相反，当这种心理发展到某一程度时，会造成严重的不安全行为。

（4）素质因素

个体的素质水平直接影响着工作的质量以及系统的安全，素质因素包括个体的年龄、责任心、个性、知识、技能、经验等。良好的素质可以高效、稳定、安全的完成系统所期望的目标。

### 2.外部影响因素

不良的外部环境、工作指令缺陷及工作任务自身特点等方面的原因导致员工处理信息能力下降，从而产生失误。其具体可分为以下几点：

（1）人机工程因素

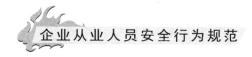

人机工程因素是影响人安全生产的重要因素，主要包括：

①人机适应性；

②生物适应性；

③环境适应性。

（2）组织角度的影响因素

从组织层次的角度来讲，引起人失误的组织因素可以从组织文化，教育与培训，组织结构，计划与程序等方面来分析。

①组织文化；

②教育与培训；

③组织结构；

④决策因素。

（3）社会因素

①社会知觉对人的行为影响；

②价值观对人的行为影响；

③角色对人的行为影响；

④社会舆论对行为的影响；

⑤群体对个体行为的影响。

## 二、有效控制人不安全行为对策

事故的发生大多数是由于人失误而导致的，而引发人失误的因素是多方面的，对于其的防治对策也是我们长期以来安全工作的重点和难点，强化人的本质安全性，提高企业安全管理水平可从以下几个方面着手努力：

### 1. 强化安全教育与培训，提升安全文化与安全生产技能

只有通过安全教育与训练，才能使操作人员自觉遵守安全法规，养成严谨的工作作风，提高判断、预测和处理能力，提高了安全技

能,有效减少人为因素事件。安全教育主要应从以下几个方面做起:

（1）端正安全态度:企业应形成生产思想教育、法规、法纪教育、安全技术和劳动技能教育为主的岗前、在岗教育,积极提高与端正作业者安全意识;牢固树立上下一致的"安全第一"思想,形成良好的安全风气。

（2）对在岗人员（特别是重要安全相关

人员）建立并推行系统化的岗前、在岗培训制度,保证在岗工作人员具有岗位所需的工作技能,杜绝因工作能力因素造成的人为因素事件,同时提高排除事故隐患,减小事故后果的能力。

（3）培养安全习惯:通过系统化的培训和严格的安全管理,全面形成规范操作、标准化作业、安全操作程序等安全生产习惯。有效预防违章。

（4）自主安全管理:建立良好的职业健康体系,保证在岗工作人员的生理健康情况、心理状况持在良好状态,提倡自我控制和自我防护,从而有效预防人为因素失误。

（5）加强模拟演练提升安全教育。安全教育的另一个重要环节就是演练,要通过模拟的场面演练正确处置的方法和措施,巩固

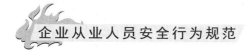

安全教育的成果。一个人遇到危机的时候，如果处置不当就可能失去了第二次机会。因此，必须通过演练掌握正确处置的方法，确保自身的安全。

**2. 强化安全管理，推行制度化的人因分析与经验反馈体系**

通过安全管理措施，建立多重安全管理屏障，能有效地减少人因失误的可能性。对于那些一旦发生失误可能导致严重后果的操作，安全管理措施尤为重要。

（1）健全、实施作业审批制度。履行作业审批制度，可保证作业者的资格、技术水平等个人因素符合作业条件；并使作业在有充分准备和足够的安全措施的情况下进行。

（2）通过行之有效的人因事件分析与经验反馈，改变凭经验和直觉处理安全问题的做法，利用科学的安全管理方法和技术，变被动的"事故处理"为主动的"事故预测"，采取积极的防御策略，消除屏障缺陷，在探究事件根本原因的基础上消除事故源头。

（3）合理安排组织生产，改善工作条件与环境，提高员工工作满意度与工作中的职业健康状况，防止产生疲劳，注意力不集中等，保证工作人员在岗期间有良好的生理、心理状况以胜任工作任务需要。

（4）技术措施。防止人因失误的技术措施，主要包括工作前对可能存在的异常进行风险分析，对有明显风险的因素进行隔离和屏蔽，对危险工作采取个人保护和应急计划，在危险工作现场进行必要的视觉和听觉警示等。通过分析、制定和落实相关的技术措施，就能够极大地减少发生人为因素事件的种种"诱因"，从而有效地预防事件的发生。

**3. 建立良好的安全生产环境**

良好的安全生产环境主要包括岗前、岗中、岗后的培训、学习和生产环境等。其具体措施如下：

（1）实施上岗前的培训和在实际操作中由操作能手进行"传、帮、带"。确保上岗者具备必须的安全技能。并对职工不断进行安全技能培训和考核，使广大职工的生产技能在原有基础上不断提高。

（2）为职工提供一个设施安全、场地畅通整洁的工作环境。带病运转的设备及时检修，使职工的工作环境有舒适感和安全感。

（3）在施工作业场所布置安全标语和安全作业要点提示，在危险部位和事故多发区域悬挂醒目的安全警示牌。现场管理要把安全工作落实到八个字上，即"时时、事事、处处、人人"。使整个人—机—环境系统形成一种安全的氛围，创造良好的安全生产大环境。

### 4. 加强企业安全文化建设

企业文化是存在于企业内部安全管理中的一套核心假设、理念与隐含的规则，它是一种无形而又理所当然的东西。不管是管理人员，还是普通员工，只要违反，就会受到大家的指责与严厉的惩罚。安全文化的实质是企业安全管理中用以规范员工安全行为、使员工高度重视安全的手段。其具体措施主要有：

（1）建立健全的安全管理机构：除了国家政府的安全监督，还设有独立的内部安全监督机构。

（2）制定企业内部

安全政策、目标、安全规章制度和质保管理程序。

（3）管理者严于律己，以身作则：在各种场合，管理层都会强调安全第一，提倡风险分析，危险源排查，保守决策。

（4）对员工安全知识、安全行为高标准、严要求，不断加强培训，提高员工的技术技能和安全文化意识。

（5）充分开展经验反馈工作：将企业具体生产作业过程中产生的设备故障和人因失误进行标准划分，然后对故障或失误进行根本原因分析，采取有效的纠正行动进行改进，并防止类似的问题发生。

（6）建立安全文化自我评估体系，不断自我完善，持续改进。

（7）通过广泛的安全文化宣传，创造并维持良好的舆论氛围，形成一种无形的约束力量。

### 5. 合理利用激励机制

安全激励有很多方法，大致可通过以下几种实现：

（1）经济物质激励。

（2）刑律激励。刑律激励是综合精神与肉体激励的一种，是一种负强化激励法，既有惩戒本人，以防下次再犯的作用，也有杀一儆百的示范性反激励作用。

（3）精神心理激励。从道德观念、宗教信仰、政治理想、情感、荣誉心等方面进行激励，包括安全竞赛、模拟操作、安全活动、口号刺激，甚至游行示威、宗教信条等很多方面都可取得这种激励作用。

（4）环境激励。从另一方面说这是一种从众行为的作用和群体行为的影响。所谓"近朱者赤、近墨者黑"就是这个道理。

（5）自我激励。可以通过提高修养、自我激励达到自我完善的境界。

### 6. 创造融洽和谐的人际关系环境

（1）运用人体生物节律原理，预测分析人的智力、体力、情绪变化周期，控制临界期和低潮期，调节心理状态，掌握安全生产的主动权。

（2）经常和职工交流思想，了解掌握其思想动态，教育职工热爱本职工作，进而随时掌握职工心理因素的变化状况，排除不良的外界刺激。

（3）切实关心职工生活，解决职工的后顾之忧，使操作者注意力集中，一心一意做好本职工作，保证安全生产。合理安排工作，注意劳逸结合，避免长时间加班加点超时疲劳工作。

# 第三节　做好安全管理工作的七招经验

安全管理工作从表面上看来很简单，好像谁都能做，但要做出成效却非常不容易，它是一项既复杂又很有挑战性的工作，各类企业的类型和经营的性质不一样，管理的重心和特点必然有所不同，能在差异中找出共性，在实践中摸索出方法，总结出经验，也是很有意义的。

### 1. 制定三个方针，一个原则

安全生产方针：安全第一，预防为主，综合治理。

消防安全方针：预防为主，防消结合。

职业病防治方针：预防为主，防治结合。

四不伤害原则：不伤害自己、不伤害他人、不被他人伤害、保护他人不受伤害。

### 2. 制定合理可行的目标、指标

"安全是相对的，不安全是绝对的。"有效的安全管理只说明

风险受控了，而不是没有风险了。减少和降低风险是要付出代价的，要投入人、财、物，需要企业付出成本。通常的做法是将风险控制在一个合理可接受的水平，不要试着去消除所有危险。要知道，没有危险的企业是不存在的，对风险可接受程度的把握，安全与效益矛盾的平衡，往往就成了检验安全管理人员经验和能力的"试金石"。可接受风险程度的确定是项严肃而有严谨的工作，制定时要以企业的综合水平、员工素质、法规要求、风险的容许度来确定。另外，风险可接受并不意味着永远放弃监管。要知道安全管理和风险都是动态的，从量变到质变，质变中又有量变，是在不断变化的，风险始终是要受监控的，一旦超出可接受程度，就要采取措施处理，绝对不能养虎成患。如制定的目标、指标和管理方案合理可行，就很容易得到企业各阶层的认同，才能正确争取到资源，总之制定合理可行的风险管理目标，是非常重要的。

3. 建立科学合理的安全组织和保障人员落实

设置科学合理的安全管理组织保障有助于推动安全管理工作的实施，促进安全管理能够顺畅地执行，规范严密的安全管理组织是提高安全保障能力的基本要求。安全管理组织体系的完善，是企业安全管理得以实现的基本保障，在安全管理方面，组织体系就是主要领导全面负责，分管领导具体负责，职能科室或专职人员专门负责，各生产单元（车间、班组）有专兼职人员负责，各岗位职工有具体安全责任，形成群管成网，横向到边、纵向到底的安全管理组织体系。

责任体系的建立和完善是企业安全管理的关键，"一岗双责"就是把岗位责任与安全管理责任并列在一个同等重要的位置，在确定工作岗位责任的同时确定安全管理责任，形成从企业法定代表人到一线职工，覆盖整个企业的安全责任制，真正做到安全生产人人有责。

企业的一切工作必须通过人去完成，要想实现安全发展的目标，就必须一支头脑清醒与企业规模、行业种类相适应的安全管理队伍，为企业的安全管理和各项生产经营活动提供安全管理与技术服务。目前，多数企业在人力资源方面都存在不足，也给安全管理工作带来若干的问题和影响，企业的安全管理理念决定企业的安全管理层次和水平，只有在此理念指导下，企业才能制定符合安全发展的战略思想与任务，推动安全管理工作有效落地，促进企业实现全面协调可持续发展。

### 4. 获得最高管理层的支持、信任和承诺

能否获得高层主管的支持，是安全管理成功的关键，当然不能期望高层主管以安全为中心，天天发文件去强调。但至少在政策导向上要明确安全管理的地位，要让其签署制度性的宣言，定好安全第一的方针和为实现安全管理所作出的承诺，具体的冲突出现时就要靠安全管理人员的智慧去化解了。

### 5. 建立有效的考核激励机制

安全管理归根结底还是对人的管理，对人的管理会经历从"管

理"到"自律"的转变过程。一般来说，在安全管理的初期阶段，都属于"管理"阶段，人对安全的要求是被动的，这时除建立严格的制度外，还要对执行情况进行科学、有效的考核。安全做得好不好，是要有所体现的，否则大家都没有积极性。考核的指标要可量化，事故发生率固然是考核要素，但不能是唯一要素，一些事故预防的基础工作，都可以量化成考核指标。如安全培训的时数，安全宣传的次数，组织、参加安全活动的次数、人数，存在隐患的大小、个数，不安全行为发生次数，设备的危险程度等都可列入考核指标。考核的深度和广度，可以视工作需要或难易程度灵活掌握。系统复杂的只考核到部门级即可，简洁的可以考核到班组，也可以考核到个人，考核周期可以是周、月的，也可以是季、年的，但考核结果必须张榜公布，要广为宣传，形成鲜明对比，考核结果要有奖有罚，形成激励机制。

### 6. 做好安全培训教育工作

培训是提升员工安全素质的重要途径，一方面通过国家颁布的相关政策法规和先进企业的安全管理模式进行重点解析，对中、高层管理干部进行基础安全知识和安全管理技能培训，让其对安全管理工作有深刻的认识和了解，培养其关注安全工作的意识与能力，同时展现安全管理人员的水准与职业操守，促使其对专业能力的认可。另一方面根据企业员工的文化与安全素质和日常安全检查、行为观察了解到员工需要什么，进行综合分析，列出培训需求，进行有针对性的安全培训，结合实际工作和案例编制相关培训课件进行培训。制作的教材要简便，通俗易懂，有针对性，实用性要强，否则员工无法接受，培训就会流于形式。培训的重点要侧重于员工安全意识的养成，要让员工明白危险无处不在，防患意识不可无的道理。

以制造业为例，它的特点是大量的外来民工，而其中的绝大部分都没有工业化从业经验，对设备、环境除了感到新奇，还感到茫然不知所措。除了从业经验匮乏，自我约束能力也比较低，安全意识、安全行为都极为欠缺。作为企业，就自然而然地承担了教育

义务，从基本的生活、工作程序开始，都需要进行针对性的培训，通过一系列的培训来提升安全意识。

制造业作业简单，直观，危险源点显而易见，大部分危险源都可以用眼睛"看"出来，只要有了安全的观念，在行动前预先做简单的识别和判断，再工作，基本上大部分的事故都可以避免。

### 7. 建立、推行安全文化，变制度管人为文化管人

建章立制，强制性的规范，是在安全管理的初期阶段，是在个人的安全意识，整体的安全水平不高的状况下，而采用的不可或缺的重要管理工具。这时应该依靠强制性的制度，去要求和约束人的行为。

制度、规章健全且烦琐，是这时的特点，在员工整体的安全意识较浓厚，对安全的诉求较高时，就可淡化制度，营造安全文化氛围，以文化意识去激发人的安全行为。安全文化是硬件和软件构建

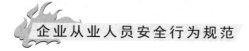

成的实体，我们要强调安全文化的前提，除前面所提外，还要求企业的设备、设施的本质安全化程度要达到要求，工艺、物料本身的安全程度，自动化，人机工程化程度都要比较高才行。这样就可以构建和谐的安全文化，将原来烦琐的制度管人，上升为以安全文化进行有效的自我约束。

# 第三章

## 常见违章与纠正

# 第一节　浅谈违章作业

## 一、习惯性违章及危害

习惯性违章作业，就是指那些违反安全操作规程或有章不循，坚持、固守不良作业方式和工作习惯的行为。违章作业实质上是一种违反安全生产客观规律的盲目行为，因而对安全生产危害极大。习惯性违章的表现形式有多种多样，但归纳起来大体有以下几种。

### 1.习惯性违章操作

在正常的设备操作时，有些操作人员养成了有章不循、随心所欲的习惯做法，对规定的操作程序、要领和安全注意事项置之不理，却认为是大惊小怪，不需如此烦琐。因此经常按照一些不良的（但自认为是正确的）或"传统"做法进行操作，致使险情频发，甚至导致事故。

### 2.习惯性违章作业

习惯性违章作业是指违反安全操作规程、按照不良的工作习惯，随心所欲地进行施工。有些人认为，"只要不出问题不论采用什么样的施工方法都行"，这说明确实有人自觉不自觉地用自己的习惯工作方法，取代了安全工作规程中的有关规定，对正确的作业方式反而感到不习惯。

### 3. 习惯性违章指挥

习惯性违章指挥是指工作负责人或有关部门的管理者在不太了解施工现场的情况下，追求经济效益思想严重，没有充分地认识安全生产的重要性，违反安全操作规程要求，按照自己的意志或仅凭想象进行指挥。

## 二、习惯性违章特点

### 1. 顽固性

习惯性违章是受一定的心理支配的，并且是一种习惯性动作方式，因而它具有顽固性、多发性的特点。如进入施工现场应戴好安全帽，高空作业必须正确系好保险带等措施讲了多少年，但实际总有那么一部分人员有章不循，进入施工现场不正确戴好安全帽，高空作业不系安全带。还辩解说，"多少年都这样干下来了，也未见出什么问题"；"哪有这么巧，上面掉的东西正好打在头上，几十年过来了，我们不是这样在做吗"；等等，一旦出了事故还怪运气不好。事实证明纠正一种具体的违章行为比较容易，但要改变或消除受心理支配的不良习惯并非易事，需要经过长期的努力，才能纠正不良的工作习惯。

### 2. 继承性

有些工作人员的习惯性违章行为并不是自己发明的，而是从一些老师傅身上"学""传"下来的，当他们看到一些老师傅违章作业既省力，又未出事故，也就盲目效仿，就这样又把这些不良的违章作业习惯传给了下一代，从而导致某些违章作业的不良习惯一脉

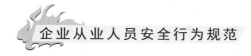

相承，代代相传。

### 3. 排他性

有习惯性违章的人员固守不良的传统做法，总认为自己的习惯性工作方式"管用""省力"，而不愿意接受新的工艺和操作方式，即使是被动参加过培训，也还是"旧习不改"。

## 三、习惯性违章的心理状态

人的行为总是受思想活动支配的，习惯性违章行为也必然与错误的思想活动相关。从事故分析可以看出，事故责任者大多存有以下心理状态。

### 1. 麻痹大意心理

只考虑正常、顺利的情况，忽视了不正常的危险情况，对可能导致的危险估计不足或根本未有察觉，因而造成险情或事故。如临时用电不用正规的连接方法，而直接将线头插进插座，结果造成线路直接接地、短路或人员触电；在采石施工中，不能很好地观察整

个宕面的险情，不戴安全帽进入塘口，实施爆破作业不按规定设立警戒、撤离人员等；所有这些都是由于麻痹大意心理所致。

### 2. 侥幸心理

明知某种做法属违章行为，可能引起不良后果或事故，但自认为并非每次违章

作业都会发生事故，以前也这样做过都没有出问题，这次也不会出事，哪有这么坏的运气。因此，在侥幸心理的支配下，铤而走险，形成习惯性违章作业的不良习惯。

### 3. 自以为是的心理

争强好胜，蛮干胡干，不顾后果，有的对自己工作范围内的设备构造和性能并不熟悉，也缺乏足够的实践经验，但却自以为是，对自己过分自信，根本不把安全操作规程或他人提出的建议放在眼里，从而在设备发生异常情况时，判断或操作错误，造成事故或扩大事故。

### 4. 求快图省事的心理

在工作中为了早下班或为了赶施工进度，人为地改变和缩短作业程序。有人虽然在工作岗位上，但心里总想着自己的私事，因此在工作中心急求快，置规程于不顾，只图赶进度，最终酿成事故。

## 四、习惯性违章的危害性

对安全工作来说，可以认为"习惯性违章作业无异于自杀"，"习惯性违章指挥等于杀人"。有人认为这一提法言过其实，但仔细分析不难看出是很有道理的。习惯性违章危害性突出在一个"习惯"上，人们对偶然发生的违章行为看得较清楚，纠正也较容易，对习惯性的违章行为，由于见得多了，反而认为是正常行为，因而对事故失去了应有的警惕性，给安全生产留下了事故隐患。

在实际工作中，并不是每起习惯性违章都能引发事故，所以有些人员对这种行为满不在乎。习惯性违章不但发生在现在的某些人身上，而且还将影响到几代人。因此，习惯性违章的危害性比偶发性违章的危害更大。综上所述，习惯性违章就某次具体的行为，可能未引发事故，但这只能是侥幸而已，而确实是一种潜在的险情，一旦这种险情与环境或某种因素结合，就会变为现实的事故。俗话说"撒什么种子结什么果"，如果撒下"习惯性违章"这粒种子，得到的必然是发生事故的"苦果"。

## 五、克服习惯性违章的方法

### 1. 企业重视

企业各级管理层既是安全生产的组织者和指挥者，又是安全生产的第一责任人，因此克服习惯性违章作业，关键在于各级管理，特别是各车间主任，克服习惯性违章，应是领导带头，率先垂范。俗话说"上梁不正下梁歪""心不正焉能正人"，只有各级领导切实发挥模范带头作用，才能彻底杜绝习惯性违章现象，这是其一；其二是看管理者能否长期地抓下去，习惯性违章是安全生产的固疾，是具有一定历史性的不良习惯，各级管理层应制定具体措施，使反习惯性违章经常化、制度化，并作为一项长期的任务来抓，如管理者产生松劲情绪，则习惯性违章现象就会抬头并蔓延滋生，甚至出现更严重的违章行为。抓好这项工作，企业管理高层是关键。

### 2. 安全教育和重奖重罚

由于习惯性违章有一定的顽固性和潜在性，是一种习惯上的不良行为，因此要针对"习惯性"的特点加强安全教育，通过安全教育，使广大职工认识到习惯性违章作业是违反安全生产客观规律的，其结果是必须要受到客观规律的惩罚，它不但危及自己的安全，而且还会累及他人，真正懂得这些道理，广大员工才能严格要求自己，并严格遵守各项安全操作规程。现实中确有一些人，对现行的规章制度视而不见，你说你的，我干我的，总认为自己是正确的，对于这一部分人员就要采取重罚的手段，罚到其心痛、肉痛，彻底醒悟。在采取这种手段时一定要坚持秉公办事，奖罚分明，并做好重奖重罚者的思想工作，以防出现反作用。

### 3. 做好预防工作

"安全第一，预防为主，综合治理"是安全生产的总方针，是反习惯性违章的基本准则。反习惯性违章应根据预防为主的原则，在了解、摸清习惯性违章根源的情况下，提前作出防范措施，才能防止事故或将事故减少到最低限度，否则等事故发生后再去抓，将

只能是接受教训，而无法弥补已经造成的事故损失。因此，在预防习惯性违章工作中，一般要抓好以下几点：

（1）进行超前预防。俗话说"水未来时先筑坝"，当新职工参加工作时要积极做好"三级安全教育"工作，就要对其进行安全思想和安全技术及安全规程教育，树立"安全第一"思想，提高他们的安全意识和技术素质，培养他们自觉遵守规章制度的习惯，从而为反习惯

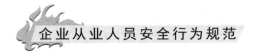

性违章打下良好的基础。

（2）抓住不安全苗头，把习惯性违章消灭在萌芽状态，由于习惯性违章作业的形成，有一个滋生和蔓延的过程，在其滋生阶段就予以纠正，而已形成习惯性之后再纠正就困难了。因此，各管理者，特别是车间主任和安全员，应具备很强的预见性，善于发现习惯性违章的苗头，早抓快抓，尽快根除习惯性违章的苗头。

# 第二节　生产作业现场常见违章的表现及纠正

### 1. 工作现场不能保持良好的工作环境

向班组职工讲清楚，良好的作业环境是保证安全生产的重要条件，工作现场的工器具和物料摆放无序，地面不整洁，不仅会给正常工作造成不便，而且还可能伤害作业人员。应依据安全规程要求，督促并教育职工养成保持作业现场整洁、文明施工的良好习惯。

### 2. 必须加盖盖板之处，不加盖盖板

生产厂房内外，工作场所的井、坑、孔、洞或沟道，必须覆以与地面齐平的坚固盖板。违反这条规定，在井、坑、孔、洞或沟道上不加盖盖板，就会发生人员坠落伤害事故。应准备坚固适用的盖板并对现场经常进行检查，发现有遗漏之处及时补盖。

### 3. 在通道口随意放置物料

门口、通道、楼梯和平台等处，是人员行走和物料转运的必经之地。如果在这些地方放置物料，必然会阻碍通行，给工作带来不便。因此，不准在门口、通道、楼梯和平台等处堆放物料。应经常

检查，发现通道等处放置物料立即清除。

### 4. 将消防器材移作他用

消防器材平时储放生产厂房或仓库内，一旦着火时用以灭火。随意把灭火器材移作他用，会损坏它的性能；如果不归放原处，起火时手忙脚乱，找不到灭火器材灭火，会造成更大的损失。应经常检查消防器材是否妥善保管，如发现移作他用应立即整改。

### 5. 在工作场所存放易燃物品

在工作场所存放汽油。煤油、酒精等易燃物品既会污染工作环境，还容易引起燃烧和爆炸。因此，禁止在工作场所存储易燃物品。

作业人员应准确估算领取的易燃物品。领取的易燃物品应在当班或一次性使用完；剩余的易燃物品应及时放回指定的储存地点。

### 6. 不按规定穿工作服

不按规定规范着装，衣服或肢体可能被转动的机器绞住绞伤。因此，必须按规定着装。在作业前，班组长应对着装进行严格检查，不按规定着装的不准上岗作业。

### 7. 接触高温物体工作，不戴防护手套，不穿专用防护服

接触高温物体，工作时如果不戴防护手套，不穿专用防护工作服，就有可能被烫伤。列举不按规定着装被烫伤的事故，从中吸取教训，作业前应进行认真检查。对接触高温物体，不戴防护手套、不穿用防护工作服者，不准上岗。

### 8. 进入施工作业现场不正确佩戴安全帽

施工生产现场存在诸多危险因素，如物体坠落等，因此，必须加强对头部的防护，戴好安全帽，以对头部起到有效的防护作用。进入施工生产现场前，严格检查工人佩戴安全帽的情况，不正确佩戴安全帽者不准进入施工生产现场。发现把安全帽当凳子坐的现象

应严肃查处。

**9. 在机器转动时装拆或校正皮带**

装拆或校正皮带必须在机器停止时进行，否则有可能绞伤手指或手臂。经常列举在机器转动时装拆或校正皮带发生的血淋淋的事故，从中吸取教训。对违章操作者应及时纠正，严肃查处。

**10. 在机器未交全停止以前，进行修理工作**

在机器未完全停止之前，不能进行修理工作。经常列举有关事故案例，讲清在机器完全停止之前进行修理工作，极有可能诱发事故。

**11. 在机器运行中，清扫、停拭或润滑转动部位**

在机器转动时，严禁清扫、擦拭或润滑转动部位，只有确认对工作人员确无危险时，方可用长嘴壶或油枪往油盅里注油。讲解在机器运行中擦拭、清扫和润滑所引发的事故案例，从中吸取教训，对违章操作者，及时纠正。

**12. 翻越栏杆，在运行的设备人行走或坐立**

栏杆上、管道上、靠背轮上、安全军上或运行中的设备上，都属于危险部分，翻越或在上面行走和坐立，容易发生摔、跌、轧、压等伤害事故，应严格遵守劳动纪律，对违章者给予相应的处罚。

### 13. 人爬梯不注意逐档检查

爬梯的稳固性只是相对的。随着时间的延长和环境的变化及其他意外因素，爬梯很可能发生缺陷和隐患。如果不进行逐档检查，不稳固状态难以发现，很可能引发坠落事故。上下爬梯时，不但应逐档检查是否牢固，还应两手各抓一个梯阶，小心稳妥，以防意外。

### 14. 随意拆除电器设备接地装置

随意拆除接地装置，一旦电气设备绝缘损坏引起外壳带电，如果人与之接触就会触电。因此，接地装置不能随意拆除，也不能对接地装置随意处理。

### 15. 凿击坚硬或脆性物体时，不戴防护眼镜

不戴防护眼镜，极易被砸下的金属屑或混凝土碎块击伤眼睛。因此，应当经常检查督促职工在作业时戴好防护眼镜。

### 16. 使用没有防护罩的砂轮研磨

安装用钢板制做的防护罩，能有效地阻挡砂轮碎裂时的碎块，保护自己和其他人员的安全。因此，禁止使用没有防护罩的砂轮。对使用未安装防护罩的砂轮的职工应及时制止。

### 17. 使用电动工具时不戴绝缘手套

使用电动工具时戴绝缘手套，能有效地防止电弧灼伤或电击。在作业前进行严格检查，对不戴绝缘手套者不允许操作电动工具。

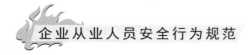

### 18. 不熟悉使用方法，擅自使用电气工具

电气工具必须由熟悉其使用方法的电气工作人员使用，不熟悉其使用方法的人员，不能擅自使用。对擅自使用电气工具者，应及时制止，并视情节轻重给予处罚。

### 19. 不熟悉使用方法，擅自使用风动工具

不熟悉使用方法的人员，不能使用风动工具，发现有擅自使用风动工具的，应立即劝止。

### 20. 不熟悉使用方法，擅自使用喷灯

不熟悉使用方法的人员，不能擅自使用喷灯。发现有擅自使用喷灯的应立即劝止，防止发生意外。

### 21. 在有可能突然下落的设备下面工作

在有可能突然下落的设备下工作，存在很大的危险性。应离开危险区域，在安全的环境里工作。如必须在有可能突然下落的设备下检修时，应预先做好防范措施。

### 22. 在机车驶近时抢过铁道

教育职工严守交通规则，机车驶近时，不得通过交叉点，负责交通管理的人员应坚决制止行人的冒险行为。

### 23. 在车辆下面或两节车厢的中间穿行

在车辆下面或两节车厢的中间穿行和在铁道上或车厢下休息，是一种无知的冒险行为，一经发现应坚决制止。

### 24. 不能及时消除煤堆形成的陡坡

煤堆形成陡坡将会发生的危险。经常检查煤堆，发现有陡坡生成，及时消除。

### 25. 用吊斗、抓斗运载作业人员和工具

"不准用吊斗、抓斗运载人员和工具"的规定，班组职工要互相监督。如果吊斗和抓斗里载人，司机应停止工作。对乘坐吊斗或

抓斗的，应进行严肃的批评教育或处罚。

### 26. 在卷扬设备运行时跨越钢丝绳

在卷扬机等运行设备的钢丝绳上跨越十分危险，稍有不慎即可能被钢丝绳绞伤。因此，在卷扬机等设备运行时，禁止任何人跨越钢丝绳。

### 27. 在输煤皮带上站立、穿越或行走

严禁在输煤皮带上站立、穿越、行走或传递各类工具。对违反上述规定者，应给予严厉的批评教育和处罚。

### 28. 穿钉有铁掌的鞋子进入油区

进入油区的有关规定，让职工严格遵守。同时要严格检查，发现穿有铁掌鞋子者，不准入内。

### 29. 不对易燃易爆物品隔绝即从事电、火焊作业

对易燃易爆物品不采取隔绝措施，即从事电火焊作业的危害性，在从事电火焊作业时必须办理相关工作票，对现场存有易燃易爆物品，采取可靠的隔离措施后方可作业。

### 30. 用手直接去拨堵塞给煤机的煤块

用手直接拨堵塞给煤机的煤块可能引发的伤害，使用专用工具和以正确的方法拨堵塞的煤。发现有直接用手拨堵塞给煤机的煤，应立即劝止，并给予批评教育和处罚。

### 31. 在制粉设备附近吸烟

在制粉设备附近吸烟的危险性，严格遵守"严禁烟火"的有关规定。对在禁烟场所吸烟者，应立即制止，并予以处罚。

### 32. 在吊物下停留或通行

讲清在吊物下边停留或通过的危险性。对企图停留或通行的，应坚决劝阻。

### 33. 戴线手套用于转动转手

讲清楚动转子时戴线手套的危害性。加强监护，对戴线手套用手转动转子的，应立即劝阻，并给予批评教育。

### 34. 随意进入井下或沟内工作

进入电缆沟、下水井或排污井内工作，必须经过运行班长许可。工作前，必须检查这些地点是否安全，通风是否良好，有无瓦斯存在，并设专人监护。未经许可不得进入井下和沟道内工作。

### 35. 在喷水池等处游泳

讲清在进水口附近区域内等不准游泳的规定。发现有游泳的，应立即劝阻，并给予批评教育和处罚。

### 36. 擅自检修带压力的管道

不准在有压力的管道上进行任何检修工作。如果确需检修时，必须经企业主管生产技术工作的领导（总工程师）批准，并采取安全可靠的措施。

### 37. 用手指伸入螺丝孔内触摸

讲清用手指伸入螺丝孔内触摸存在的危险，应使用专用工具校正螺丝孔，对发现用手指伸入孔内触摸的，应立即劝阻与纠正。

### 38. 用燃烧的火柴投入地下室内做检查

讲清把燃烧的火柴等投入地下室做检查存在的危害。做检查时，应采取正确的方法。发现有人向地下室投燃烧的火柴或火绳时，应立即劝止，并给予批评教育。

### 39. 站在梯子上工作时不使用安全带

讲清站在梯上工作使用安全带的必要性，安全带的一端应系在高处牢固的地方，对上梯工作未使用安全带的工人，应督促他们立即系好安全带，以防万一。

### 40. 监护人同时担任其他工作

教育监护人增强责任感，集中精力做好监护工作。对监护人不能分配其他工作，确保专人做好监护工作。

### 41. 用肩扛、背驮或怀抱的方法搬运危险品

用肩扛、背驮或怀抱的方法搬运危险品存在的危险性，禁止使用这些方法搬运。发现有人肩扛、背驮或怀抱搬运时，应立即劝止并纠正。

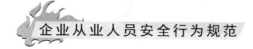
## 42. 将酸洗废液直接排入河流

讲清将酸洗废液直接排入河流的危害性，树立保护环境的意识。发现有人把酸洗废液直接排入河流时，应立即制止，并报告有关部门处理。

## 43. 把安全带挂在不牢固的物件上

选择悬挂安全带的物件，必须牢固可靠，班组职工应互相监护，认真检查，发现安全带悬挂不牢固时，应督促其摘下重新选择牢固可靠的地点。

## 44. 高处作业不使用工具袋

高处作业必须使用工具袋，高处作业时把工具装在袋中，较大的工具还应用绳索挂在牢固的物件上。对高处作业不使用工具袋者，应严厉批评教育并予以处罚。

## 45. 高处作业时，将工具及材料随意上下抛掷

讲清将工具及材料上下抛掷的危险性，应采取绳索上下传递工具或材料。对违反规定的行为应立即制止，并给予相应的处罚。

## 46. 在不坚固的结构上侥幸工作

在作业前，应认真检查所处的环境是否坚固。如果不坚固时，应选择坚固的物体。发现有人在不坚固的物体上作业时，应及时提醒让其停止作业，采取牢靠的安全措施后再作业。

### 47. 使用吊栏工作时不使用安全带

讲清使用吊栏工作时使用安全带的必要性。要把安全带系在建筑物的可靠处所。对不使用安全带的工人，应劝其使用，否则，不许其在吊栏内工作。

### 48. 站在梯顶工作

讲清登梯位置不正确存在的危险性和掌握正确的登梯方法。加强监护，发现登梯位置不正确的工人，应及时纠正。

### 49. 将梯子放在门前使用

讲清将梯子放在门前使用存在的危险性，严禁在门前使用梯子。如果必须在门前使用时，应采取防止门突然开启的措施或指定专人看守。

### 50. 在驾驶室内存放易燃物品

讲清在驾驶室内存放易燃物品的危险性。对存放在驾驶室里的易燃物品，必须清理干净，以绝火患。

### 51. 站在吊物上指挥

讲清站在吊物上指挥的危险性，严禁工作人员站在吊物上指挥上升或下降。对站在吊物上的人员应立即劝止，并给予批评教育和处罚。

### 52. 肩行重物攀登移动式样子或软梯

讲清肩荷重物攀登移动式梯子或软梯存在的危险性，严禁肩负重物登梯，对肩负重物登梯者应立即劝止。

### 53. 车未停稳便上、下车

了解车未停稳便上、下车的危险性，待车停稳后，才能上、下车。对车未停稳便抢先上车或下车的工人，应给予批评教育。

### 54. 车辆行驶时，与驾驶员闲谈

讲清在车辆行驶时，与驾驶员闲谈的危害性。乘车人员不得与驾驶员闲谈，应保证驾驶员集中精力驾车。发现有与驾驶员闲谈的

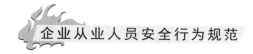 

应及时劝止。

### 55. 手扶缆绳顶端引起手部伤害

讲清用手拉缆绳顶端引起的伤害，拉缆绳时，应避开拉缆绳的顶端。发现有拉缆绳顶端的应立即劝止，以防手被伤害。

### 56. 采用掏挖的方法挖掘

讲清掏挖方法存在的危险性，使用自上而下的方法挖掘。发现有掏挖的做法，应立即纠正。

### 57. 上下基坑时攀登水平支撑或撑杆

讲清攀登水平支撑或撑杆存在的危险性，严禁攀登水平支撑或撑杆上下基坑。发现有攀登水平支撑或撑杆的，应立即制止。

### 58. 把炸药和雷管放入衣兜或怀里携带

安全工作规程规定雷管、炸药必须分别保管，应讲清携带炸药和雷管必须专人负责，指定专用工具存放，严禁装入衣兜或揣入怀内，违者从严处罚。

### 59. 站在石块滑落的方向撬石

讲清站在石块滑落的方向撬石存在的危险，撬石块时，严禁站在石块滑落的方向。施工中，发现有人站位不正确，应立即纠正。

### 60. 移开或越过遮拦工作

不论高压设备带电与否，值班人员都不得移开或跨越遮拦工作。需要移开遮拦工作时，必须与带电设备保持足够的安全距离，并有人在场监护。

### 61. 雷雨天气不穿绝缘靴，巡视室外高压设备

应讲清穿绝缘靴在雷雨天巡视室外高压设备的必要性。对雷雨天巡视时不穿绝缘靴的，应及时劝阻，让其把绝缘靴穿上。不穿绝缘靴者，不能进行雷雨天室外高压设备的巡视。

## 62. 进出高压室时，不随手将门锁好

讲清在巡视时进出高压室随手将门锁好的重要性。发现不注意锁门的，应立即纠正并予以批评教育。

## 63. 带负荷拉刀闸

教育职工增强责任心，讲清带负荷拉刀闸的危险性，对违反规定带负荷拉刀闸者，不论后果严重与否，均应从严处罚。

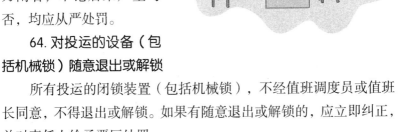

## 64. 对投运的设备（包括机械锁）随意退出或解锁

所有投运的闭锁装置（包括机械锁），不经值班调度员或值班长同意，不得退出或解锁。如果有随意退出或解锁的，应立即纠正，并对责任人给予严厉处罚。

## 65. 用缠绕的方法装设接地线

讲清用缠绕的方法进行接地的危害性，采用专门的线夹，把接地线固定在导体上。发现有缠绕接地线的现象，应立即纠正，并给予责任人批评教育或处罚。

## 66. 在室外地面高压设备上工作时，四周不设围栏

讲清在室外地面高压设备上工作时，不设围栏存在的危险性。工作时，四周应立即用围网做好围栏，并悬挂相当数量的"止步！高压危险！"的标识。对不设围栏的，让其将围栏设好再开始工作，并给予批评教育或处罚。

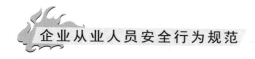

### 67. 约时停用或恢复合闸

讲清约时停用或恢复合闸存在的危险性，严禁约时停用或恢复合闸。带电作业结束时，向调度汇报后，并检查现场无人时，方能恢复重合闸。对约时停用或恢复合闸的，应立即纠正，并给予责任者相应的处罚。

### 68. 在带电作业过程中设备突然停电时，视为设备无电

讲清在带电作业过程中，如果设备突然停电，必须视同设备带电，仍要按照带电作业的要求进行工作。对视为设备不带电的麻痹大意思想，应及时教育帮助并立即加以纠正。

### 69. 等电位作业传递工具和材料时，不使用绝缘工县或绝缘绳索

讲清用绝缘工具或绝缘绳索传递工具和材料的必要性，一切工具和材料的传递，必须使用绝缘工具或绝缘绳索。对不使用绝缘工具或绝缘绳索的，应立即纠正。

### 70. 带电断开或接续空载线路时不戴护目镜

了解在进行带电断接空载线路时戴护目镜的作用。不戴护目镜时，不能从事这类作业。在作业中，不仅要带护目镜，还应采取消弧措施。

### 71. 密封不良的设备不能进行带电冲洗

在带电水冲洗设备时，首先应对设备密封情况进行检查。密封良好的设备，可以带电水冲洗，密封不良的设备不得进行水冲洗，并向工作人员讲清为什么不能这样做的道理。

### 72. 在开挖的土方斜坡上放置物料

了解保持土方斜坡稳定的作用，杜绝在上面放置工具材料等。对在斜坡上放置工具材料的，应立即清除。

### 73. 敷设电缆时，用手搬动滑轮

让职工了解在电缆敷放期间，用手搬动滑轮会引起伤害，严禁

用手搬动滑轮。对用手搬动滑轮的工作人员，应及时进行劝止，并讲清道理。

### 74. 在带电体、带油体附近点火及喷灯

在点燃喷灯时，必须在安全可靠的场所，严禁在带电带油体附近点燃。对在带电带油体附近点火者，应立即加以制止，并给责任人以批评或处罚。

### 75. 电器设备着火，使用泡沫灭火器灭火

让职工懂得灭火器的不同性能和用途。扑灭电器设备火灾，只能使用干式或二氧化碳灭火器，不得使用泡沫灭火器。泡沫灭火器只能用于扑救油类设备起火。电器设备起火时，应沉着冷静，选取干式或二氧化碳灭火器灭火。

### 76. 在带电设备周围，使用钢卷尺测量

了解在带电设备周围进行测量工作，必须使用绝缘体的尺子，发现使用钢卷尺等导体类的量具时应立即纠正，讲清为什么不能使用的道理。

### 77. 高处作业时随意跨越斜拉条

在高处作业不得随意跨越，并需系好安全带。对胆大妄为或麻痹大意者的违章行为，应及时纠正与处罚，并帮助他们增强

安全观念。

### 78. 擅改施工方案，不设侧面临时拉线

施工方案是施工者的行动指南，也是实现安全生产的基本措施，必须严格地贯彻落实，任何人都无权擅改。如施工中遇有与方案不同的情况，应向上级提出自己的意见，经批准后方可实施。对擅自改变施工方案的行为，应及时纠正和处罚。

### 79. 脚蹬吊物指挥起吊

指挥员在发出起吊信号之前，应检查吊物及周围是否危及个人和他人安全，严禁脚蹬吊物指挥起吊。对指挥人员的违章行为，任何人都有权纠正。

### 80. 在高处平台上倒退着行走

在高处平台作业时，应一丝不苟地落实防护措施，树立牢固的安全意识，一举手一投足都要小心谨慎，以防万一。

### 81. 擅自使用有缺陷的吊栏作业

必须明确，使用吊栏必须征得有关领导许可。工作前，应系好安全带，并认真检查吊栏的安全状况以确保万无一失。吊栏安全状态良好时，方可起升。

### 82. 吊栏作业，手搬葫芦下端不卡元宝螺丝

在使用吊栏起降时，应在手搬葫芦下端卡上元宝螺丝，以防止吊栏在下落时失去控制。作业前应进行检查，不卡上元宝螺丝，不

能使用吊栏。

### 83. 自做卡凳，未采取防滑措施

卡凳放置在混凝土地面上，应采取可靠的防滑措施。在作业开始前，班组长或监护人应对卡凳放置是否牢固进行认真的检查。对未采取防滑措施的，不能工作。

### 84. 随意移动孔洞盖板，坠落伤身

教育职工严守安全工作规程，孔洞盖板等安全设施不准随意移动，如工作需要移开孔洞盖板，必须专人监护，作业结束立即予以恢复。严禁从孔洞抛扔垃圾等物。

### 85. 从井架外侧攀爬上下

应教育所有作业人员明确，必须在烟囱水塔内侧的通道内上下，决不允许从外侧攀爬，发现有从外侧攀爬者，应立即纠正并严厉处罚。

### 86. 非起重人员从事起重作业

严禁非起重人员从事起重作业，非起重工对违章指挥行为应拒绝。司机对非起重人员从事起重作业应拒绝执行。

### 87. 非电工接电源

严禁非电工接电源，发现非电工接电源时，应立即制止，并给予批评教育和处罚。

### 88. 拆除闭锁装置，误触高压电身亡

严禁擅自打开盘的闭锁装置，更不允许用高压开关盘内电缆孔作联系通道。发现擅自打开闭锁装置的现象，应立即纠正，从严处罚，以防意外。

### 89. 从自己头上往身后递焊枪

必须用正确的姿势传递焊枪，严禁在身后传递。使用前，认真检查焊枪是否良好，对有缺陷的应停止使用。

### 90. 不采取安全措施，在带电线路下方穿越放线

如必须在带电线路下方穿越放线，必须采取万无一失的安全措施，防止导线弛度上升，确保万无一失。

### 91. 在带电线路内侧拆除越线架

带电拆除越线架,作业人员须站在带电线路外侧,还应采取专人监护措施。对在带电线路内侧拆除越线架的作业者,应立即纠正,防止发生意外。

### 92. 起吊时超重吊装

在起吊作业中,严禁超载超重吊装,如发现超载超重吊装的现象,应立即纠正并严肃处理。

### 93. 高处抛物,不计后果

所有人员都应明确,严禁从高处抛物,发现有抛物的现象,应立即制止。

### 94. 高处作业时,传运跳板不系安全绳

高处传运跳板必须用绳索系牢。发现运送跳板未系安全绳的,应立即纠正。

### 95. 在高处随意往下扔物件

塔上作业时,严禁向下抛扔物件,传递物件应用绳索捆系牢固。对欲从塔上扔掷物件的工人,应及时劝止,应用绳索系牢后,往下滑进。

### 96. 高处传递物件不系牢

用小绳传递物件时,必须把绳扣系牢。系绳扣时,应认真检查物件是否捆绑牢固。

### 97. 在高处作业下方站立或行走

高处作业时,下方不得有人站立或行走。作业人员应互相监督,对违反规定,在高处作业下方站立或行走者,及时劝阻。

### 98. 非信号人员操作电梯信号

严禁非信号员操作电梯信号。信号员不得把电梯交非信号员使用,非信号人员应自觉遵守规定,不得擅自操作,对信号员托付使

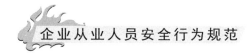

用的，应予以拒绝。发现非信号员操作电梯信号的，应严肃批评教育和处罚。

### 99. 铣床作业时，立铣不设安全罩

立铣应设安全罩，方能进行工作。要严格检查，对立铣不设安全罩即进行工作的现象，应立即纠正，并设置安全罩。

### 100. 在运转的卷扬机旁逗留

在卷扬机械运转期间，周围不得站人。如果需要在卷扬机旁工作，应打招呼，让司机把机械关掉后，方可近前。

### 101. 照明灯距离易燃物过近

照明灯距离易燃物不能过近，否则，容易把易燃物烤燃。对屋顶照明灯，应经常进行检查，看是否处于安全状态。

### 102. 从事切割作业之前，不清理现场

应对职工加强危险意识教育，从事切割作业之前，应首先清理现场，清除作业环境中的不安全因素。对不清理现场即从事切割的

工人，应立即劝阻停止工作并予以处罚。

### 103. 擅自销毁爆炸物品

个人不得擅自处理销毁爆炸物品，对违反规定、擅自处理销毁爆炸物品的，应进行严肃的批评教育和处罚。

### 104. 金属探伤工作不拉警戒绳，不挂警告牌

在金属探伤透视工作中，必须严格采取设围栏、挂警告牌、封闭现场等措施，同时加强监控。对不遵守上述规定的，应严加处罚。还应宣传射源射线防护知识，任何人都不得随意进入探伤透视危险区域和拣拾射源等危险品。

### 105. 随意使用非起重工具进行起重作业

讲清随意使用非起重工具进行起重作业存在的危险。严禁使用非起重工具进行起重。发现使用非起重工具进行起重的，应及时劝止。确需使用非起重工具起重的，应经过批准并采取稳妥的安全措施。

### 106. 随意跨越停用的输煤皮带

讲清随意跨越停用的输煤皮带存在的危险，不论皮带是否运行，都应从通行桥上通行。对随意跨越停用的输煤皮带的，应及时劝阻。

### 107. 约定手势作指挥信号

讲清用约定手势作指挥信号存在的危险，指挥时，必须使用旗语和口哨作信号。对约定用手势作指挥信号的，应劝其改正并严厉处罚。所有的工人，都有权拒绝用约定手势指挥。

### 108. 钻到运行中的皮带下部架构内清理积煤

讲清钻到运行中的皮带下部架构内清理积煤存在的危险，严禁钻到运行中的皮带下部架构内清理积煤。对欲钻到运行中皮带下部架构内清煤的，应立即劝阻。

### 109. 高悬空间处所不设防护措施

讲清高悬空间处所存在的危险，让所有人都提高警惕，高悬空间处所应设栏杆，门上锁，并悬挂警告标志。应及时检查高悬空间处所的安全，加设安全可靠的防护措施。

### 110. 从车厢两钩间穿行

讲清从车厢两钩间穿行存在的危险，严禁从车箱两钩间穿行。现场设置"随时动车、严禁穿越"的警告牌。调度员下达排空车令时，应检查有无人员穿行，并应采取封闭措施以防意外。

### 111. 进入叶轮内盘车

讲清在盘车时，必须站在地面上搬动前盘，严禁进入叶轮内盘车。对进入叶轮内盘车的，应及时制止纠正。

### 112. 酒后开车

讲清酒后驾车的危险性，司机应严禁酒后驾车，同车作业人员见司机驾车前饮酒应及时劝阻。

### 113. 检查不认真，误登带电设备

停电作业时，应对作业现场进行认真检查，核对线路名称、杆号及色标，核对、查看设备的排序，并设围栏予以封闭，确实明确作业地点及设备方可作业。同时监护人应加强监护，防止作业人员误登带电设备感电致伤。

| | | | |
|---|---|---|---|
| | | | 设计实践卷 |
| 66432 | ✓ | 2 | 装饰文丛:02:设计实践卷 |
| 66432 | ✓ | 2 | 装饰文丛:07:教学研究 |
| 66432 | ✓ | 2 | 装饰文丛:04:教学研究 |
| 66432 | ✓ | 2 | 装饰文丛:02:教学研究 |
| 66432 | ✓ | 2 | 装饰文丛:04:设计实践卷 |
| 66432 | ✓ | 2 | 珠山八友瓷画大系 |
| 66432 | ✓ | 3 | 仇文合铜西厢记图册 |
| 66432 | ✓ | 3 | 画说小松 |
| 66432 | ✓ | 3 | 平天飞羽:安徽池州平天湖鸟类摄影 |
| 66432 | ✓ | 5 | 欧洲现代绘画:III:III |
| 66433 | ✓ | 1 | 漫画古希腊罗马神话:3:阿耳戈英雄 |
| 66433 | ✓ | 1 | 漫画古希腊罗马神话:5:特洛伊之战 |

### 114. 签发违章冒险的施工方法的工作票

认清工作票对保护作业安全的重要性。在签发工作票时，所确定的施工方法应科学合理并符合安全规程的要求。对签发违章冒险施工方法的工作票，作业人员有权加以拒绝。

### 115. 监护人从事其他工作，监护失职

教育监护人员认清监护工作的重要职责，必须集中精力、全身心地从事监护工作，不能做其他工作。对从事其他工作的监护人应及时提醒和劝阻，并给予适当的处罚。

### 116. 监护人暂离作业现场未指定临时接替人

认清监护人暂离作业现场不指定临时接替人存在的危险。监护人必须始终在工作现场，因工作需要暂时离开现场时，应指定能够胜任的人员临时接替，电气作业没有指定监护人的，应停止作业。

### 117. 不带工作票盲目作业

工作票是电气作业的行动指南，也是保障安全的重要措施。在作业开始前，工作负责人应宣读工作票及安全措施，并按工作票的要求进行作业。对不带工作票即展开工作的，工人有权拒绝作业。

### 118. 新立电杆未牢固便做攀登作业

讲清新立电杆未牢固便做攀登作业存在的危险，新立电杆未牢

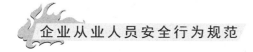

固前严禁攀登。新立电杆埋设深度应符合安全规程规定。对新立电杆未牢固便欲攀登的，应及时制止。

### 119. 带电部位不设明显警告标志

讲清带电部位不设明显警告标志存在的危险，带电部位必须设明显的警告标志。

### 120. 冒险在 T 形单梁上行走

讲清在单梁上行走存在的危险，严禁在单梁上行走。高处作业人员必须系好安全带。对欲在单梁上行走的，应立即劝阻。

### 121. 电动机具"带病"工作

讲清电动机具电源接头裸露存在的危险。作业前，应认真检查电动机具及电源，该维修的维修，防止隐患引发事故，对"带病"的电动机具不得使用。

### 122. 非电工冒险移动电源盘

讲清非电工移动电源盘的危险，不论有电无电，严禁非电工移动电气设备。对非电工冒险移动电源设备的，应立即动止并从严处罚。

### 123. 与带电部位安全距离过小

讲清与带电部位安全距离小存在的危险。作业时，与带电部位的安全距离必须保持在安全规程规定的范围内。作业前，应认真检查和测量安全距离是否合适。

### 124. 使用滚杆运送物件时上面坐人

讲清使用滚杆运送物件时上面坐人存在的危险。使用滚杆运送物件时，只准在后面推，严禁在前拉或上面坐人。对上面坐人的，应立即制止。

### 125. 不经模拟预演即签发工作票

讲清不经模拟预演即签发工作票存在的危险。填写工作票后，工作许可人操作人、监护人应共同在模拟盘上预演，确认无误，由监护人在操作票末一项下加盖"以下空白"后，再由操作人、监护人、班长、值日长等依次签名，然后，按工作票提出的操作方式和安全措施进行操作。

### 126. 集体隐瞒事故

讲清隐瞒事故存在的危害性。事故发生后，应实事求是地向上级报告，及时分析，吸取教训，防止重复发生。对隐瞒不报的，应给予严肃处理。

### 127. 接受命令后不作复诵即操作

讲清接受命令后不作复诵即操作存在的危险。在作业中，应执行唱票复诵制以明确任务，不得在无人监护下擅自操作。对不作复诵的，应及时纠正并严厉处罚。

### 128. 领导进入生产现场不穿戴工作服

进入生产现场不穿工作服随时存在着被伤害的危险，特别是

单位领导更应带头严格执行有关穿用工作服和安全帽的规定。不按规定穿用工作服和安全帽的领导，不能进入生产现场。

### 129. 在汽油等易燃易爆场所明火照明

讲清在汽油等易燃易爆场所明火照明的危险。在存有汽油等易燃易爆物品的场所，严禁明火照明。对明火照明的，应及时制止。

### 130. 火焊切割前不彻底清洗装过有易燃品的物体

火焊切割装过易燃易爆物品的物体之前，须对其进行彻底清洗，不能留有残渣。

### 131. 高处作业时物件不固定

讲清高处作业时物件不固定存在的危险。在高处作业时，切割的物件必须固定，以防坠落伤人。

### 132. 使用有缺陷的工器具

讲清使用有缺陷的安全工器具存在的危险。作业前，应对工器具进行认真检查，有缺陷的工器具维修好后再使用。

### 133. 擅自进行开关开合试验

讲清擅自进行开关开合试验存在的危险，对操作票中未设试验开关的项目，严禁擅自操作。

### 134. 户外避雷器底座不留排水孔

讲清户外避雷器底座不留排水孔存在的隐患与危险。在户外安装避雷器时，应在底座预留排水孔。

### 135. 电气设备不接地线

讲清电气设备不接接地线存在的危险。电气设备必须接地，没有接地的不能使用。

### 136. 谎报设备损坏真相，以延长检修时间

认清谎报设备损坏、以延长检修时间的危害性。严禁谎报设备损害真相，求取延长检修时间的做法，应养成实事求是、一丝不苟的作风。

### 137. 擅自进入变电所干私活

讲清擅自进入变电所干私活存在的危险。应加强劳动纪律教育，严禁擅自进入变电所。对擅自进入变电所干私活的，应给予批评教育和处罚。

### 138. 接错电源相线，用手触摸电气设备

讲清用手触碰电气设备存在的危险。无论是否有电，对电气设备一律视为有电，严禁用手触摸。电工应增强责任心和提高技术水平，防止接错电源相。

### 139. 随意从高处跳下

讲清随意从高处跳下存在的危险。高处作业上下，严禁往下跳，防止发生意外。

### 140. 危险作业不挂警示牌

讲清危险作业不挂警示牌存在的危险。从事危险作业之前，应悬挂警示牌或专人监护。加强安全监督检查，对危险作业不挂警示牌的，及时纠正并予以处罚。

### 141. 非指挥人员进行指挥

讲清非指挥人员进行指挥存在的危险。非指挥人员严禁指挥。对非指挥人员进行指挥的，应立即劝阻并给予相应处罚。

### 142. 修理正在运行的起重机

讲清修理正在运行的起重机存在的危险。正在运行中的各式起重机，严禁进行调整或修理工作。同时，起重设备与带电线路间距不应小于 2m。

### 143. 作业时与他人闲谈

讲清工作时与他人闲谈的危害，要求工人严格遵守运行纪律，集中精力工作，严禁工作中与他人闲谈。

### 144. 阀门井内作业，用氧气通风驱烟

讲清在阀门井内作业时，用氧气通风驱烟易引起爆燃的后果，严禁阀门开内作业用氧气通风驱烟。

### 145. 随意作业，擅自操作，导致误操作事做

教育职工认真遵守安全规程，严格执行"两票"，杜绝随意作业、擅自操作行为。

# 第四章

## 常见操作规范

# 第一节 动火作业安全规范

## 一、动火作业

直接或间接产生明火的工艺设备以外的禁火区内可能产生火焰、火花或炽热表面的非常规作业，如使用电焊、气焊（割）、喷灯、电钻、砂轮等进行的作业。

## 二、动火作业分级

1. 固定动火区外的动火作业一般分为二级动火、一级动火、特殊动火三个级别，遇节日、假日或其他特殊情况，动火作业应升级管理。

2. 二级动火作业：除特殊动火作业和一级动火作业以外的禁火区的动火作业。凡生产装置或系统全部停车，装置经清洗、置换，分析合格并采取安全隔离措施后，可根据其火灾、爆炸危险性大小，经公司安全部批准，动火作业可按二级动火作业管理。

3. 一级动火作业：在易燃易爆场所进行的除特殊动火作业以外的动火作业。

4. 特殊动火作业：在生产运行状态下的易燃易爆生产装置、输送管道、储罐、容器等部位上及其他特殊危险场所进行的动火作业。带压不置换动火作业按特殊动火作业管理。

## 三、动火作业要求

1. 动火作业应有专人监火，作业前应清除动火现场及周围的易燃物品，或采取其他有效安全防火措施，并配备消防器材，满足作业现场应急需求。

2. 动火点周围或其下方如有可燃物、空洞、窨井、地沟、水封等，应检查分析并采取清理或封盖等措施；对于用火点周围有可能泄漏易燃、可燃物料的设备，应采取隔离措施。

3. 凡在盛有或盛装过危险化学品的设备、管道等生产、储存设施及处于 GB 50016、GB 50160、GB 50074 规定的甲、乙类区域的生产设备上动火作业，应将其与生产系统彻底隔离，并进行清洗、置换，分析合格后方可动火作业。

4. 拆除管线进行动火作业时，应先查明其内部介质及其走向，并根据所要拆除管线的情况制定安全防火措施。

5. 在有可燃物构件和事宜可燃物做防腐内衬的设备内进行动火作业时，应采取防火隔绝措施。

6. 在生产、使用、储存氧气的设备上进行动火作业时，设备内氧含量不应超过 23.5%。

7. 动火期间距动火点 30 m 内不应排放可燃气体；距动火点 15 m 内不应排放可燃液体；在动火点 10 m 范围内及动火点下方不应同时进行可燃溶剂清洗或喷漆等作业。

8. 在道路沿线 25 m 以内的动火作业，如遇装有危险化学品的火车通过或停留时，应立即停止。

9. 使用气焊、气割动火作业时，乙炔瓶应直立放置；氧气瓶与乙炔气瓶间距不应小于 5 m，二者与作业地点间距不应小于 10 m，并应设置防晒设施。

10. 作业完毕，动火人和监火人以及参与动火作业的人员应清理现场，监火人确认无残留火种后方可离开。

11. 五级风以上（含五级）天气，原则上禁止露天动火作业。因生产需要确需动火作业时，动火作业应升级管理。

## 四、特殊动火作业要求

特殊动火作业在符合动火作业要求规定的同时，还应符合以下规定：

（1）在生产不稳定的情况下不应进行带压不置换动火作业。

（2）应预先制订作业方案，落实安全防火措施，必要时可请专职消防队到现场监护。

（3）动火点所在的生产车间（部门）应预先通知公司生产调度部门及有关部门、车间，使之在异常情况下能及时采取相应的应急措施。

（4）应在正压条件下进行作业。

（5）应保持作业现场的通排风应良好。

## 五、明确动火各自职责

### 1.动火作业负责人

（1）对动火作业负全面责任。

（2）对所属生产系统在动火过程中的安全负责。主持制定、负责落实动火安全措施，负责生产与动火作业的衔接。

（3）检查、确认《作业证》审批手续，对手续不完备的《作业证》

应及时制止动火作业。

（4）在动火作业中，生产系统如有紧急或异常情况，立即通知停止动火作业。

（5）应在动火作业前详细了解作业内容和动火部位及周围情况，参与动火安全措施的制定、落实，向作业人员交代作业任务和防火安全注意事项。

（6）作业完成后，组织检查现场，确认无遗留火种后方可离开现场。

### 2. 生产单位负责人

（1）负责办理《作业证》对所属生产系统的安全负责。制定、负责落实动火安全措施，负责生产与动火作业的衔接。

（2）检查、确认《作业证》审批手续，对手续不完备的《作业证》应及时制止动火作业。

（3）在动火作业中，生产系统如有紧急或异常情况，立即通知停止动火作业。

（4）应在动火作业前详细了解作业内容和动火部位及周围情况，参与动火安全措施的制定、落实，向作业人、监火人交代作业任务和防火安全注意事项。

### 3. 动火人

（1）参与风险危害因素辨识和安全措施的制定。

（2）逐项确认相关安全措施的落实情况。

（3）确认动火地点和时间。

（4）若发现不具备安全条件时不得进行动火作业。

（5）随身携带《作业证》。

### 4. 监火人

（1）负责动火现场的监护与检查，发现异常情况立即通知动火人停止动火作业，及时联系有关人员采取措施。

（2）坚守岗位，不准脱岗；在动火期间，不准兼做其他工作。

（3）当发现动火人违章作业时应立即制止。

（4）在动火作业完成后，车间监火人员会同有关人员清理现场，清除残火，灭火器、消防水袋等消防设施放回原处，确认无遗留火种后方可离开现场。

**5.动火作业的审批人**

（1）动火作业的审批人是动火作业安全措施落实情况的最终确认人，对自己的批准签字负责。

（2）审查《作业证》的办理是否符合要求。

（3）到现场了解动火部位及周围情况，检查、完善防火安全措施。

## 六、《动火安全作业证》的管理

1.《作业证》应根据作业等级以明显标记加以区分。

2.《作业证》的办理和使用要求：

（1）《作业证》应由作业单位办理，办证人须按《作业证》的项目逐项填写，不得空项；根据动火等级，按规定的审批权限进行办理。

（2）办理好《作业证》后，动火作业负责人要到现场检查动火作业安全措施落实情况，确认安全措施可靠并向动火人和监火人交代安全注意事项后，方可批准开始作业。

（3）《作业证》实行一个动火点、一张动火证的动火作业管理。

（4）《作业证》不得随意涂改和转让，不得异地使用或扩大使用范围。

（5）《作业证》一式三联，二级动火由动火点所在车间操作岗位（监火）、动火人和动火点所在车间各持一份存查；一级和特殊动火《作业证》由动火点所在车间（监火）、动火人和安全管理部门各持一份存查；《作业证》保存期限至少为一年。

# 第二节 交接班管理

## 一、交班内容及要求

交班员工在交班前必须对本岗位设备运行情况、生产操作情况、公用工具、用具情况及安全、文明生产情况等进行全面检查，对以上内容认真交班。

设备运行情况的交班内容包括：当班期间设备开、停时间，停机原因。若遇设备故障，则必须说明故障发生时间、原因、处理情况、遗留问题以及其他注意事项。

公用工具、用具的交班内容主要包括：工具、用具数量及完好情况，工具损坏或遗失要详细说明原因。

安全、文明生产情况交班内容主要包括：本岗位安全隐患排查及处理情况，岗位责任区清洁卫生清扫情况。

## 二、接班内容及要求

接班者在交接班时间内，应认真听取交班情况介绍，详细阅读交接班记录，逐项核对交班记录，全面巡视检查设备运行状况。发现交班者未按规定交班，应及时向班组长反映，待班组长处理后再按规定程序接班。

## 三、交接班程序

1. 交班员工在交接前应对岗位设备运行情况、操作情况、工具情况以及安全情况进行一次全面检查，并认真记录检查情况。

2. 交班人将岗位公用工具、用具清洁保养完毕，并仔细清点好数量；把岗位责任区内清洁卫生清扫干净。

3. 交班人当面向接班人介绍岗位设备运行情况、操作情况、公用工具、用具情况以及安全情况，特别注意应将发现的问题和处理情况以及注意事项交代清楚。

4. 接班人应认真听取交班人介绍的情况，并仔细与交接班记录进行核对，发现有不清楚或有疑问的应及时询问。

5. 认真清点工具、用具数理，并查看其质量。

6. 核对无误后确认签字。

交接班时发生事故或其他重大事项，应待事故处理完毕、设备运转正常后才能交接班（但可以在事故告一段落后，经领导批准，进行交接班）。

## 四、交接时应做到"五清"和"两交接"

1. "五清"即看清、讲清、问清、查清、点清。

2. "两交接"即现场交接和实物交接。

现场交接：指现场设备（包括二次设备）经过操作方式变更或检修，所做安全措施，特别是接地线，设备存在缺陷，保护的停复役、变更和定值更改，信号装置情况，要在现场交接清楚。

实物交接：指具体物件，如文件通知、公用工具用具、仪器仪表等物件要交接实物，不能只进行账面交接。

## 五、有以下情况之一的，不得交接班

1. 遇事故正在处理或正在进行重要的操作的，不得交接班；

2. 接班人酒后上班或精神状态严重不佳的，不得交接班；

3. 接班人员未到岗的，不得交接班；

4. 记录不清楚、不清洁的，不得交接班；

5. 工具、用具、仪器仪表未清理或未点清，岗位责任区内清洁卫生未清扫的，不得交接班；

6. 交、接班人不签字的，不得交接班。

## 六、基本要求

1. 各岗位必须按要求设置交接班记录本，为方便管理，交接班记录本的格式及纸张大小，由生产技术部统一规定和配置。各岗位的交接班记录本应放置在岗位较明显或固定的地方。

2. 岗位交接班记录本应认真按要求填写，格式力求简捷，文字表达力求清楚、详尽，以免产生歧义，各交接班员工不得敷衍塞责，马马虎虎。

3. 交接班员工应做到坚持原则、发扬团结协作的风格。交接班均需本人进行交接，不得委托他人。若在交接班过程中出现交、接双方均无法解决的问题，由交班员工及时上报班组长或其他领导，班组长或其他领导应及时予以解决，不得无故推诿。

4. 若在规定交班时间内无人接班，交班员工应在继续坚守岗位的同时，及时向班组长或值班经理反映情况，待班组长或值班经理安排其他员工前来接班，完成交接班手续后，方可下班。在无人接班的情况下，不得擅自离开工作岗位。

5. 各班组长及值班经理应定期或不定期抽查岗位交接班情况，对岗位交接班存在的问题及时予以纠正、指导。对不按交接班管理规定进行交接班的，有权根据相关规定提出考核意见。在检查交接班的同时，还应检查员工的劳动纪律、安全操作情况、着装以及上岗操作证等。

6. 交接班的内容一律以交接班记录为准，凡遗漏应交待的事情，由交班者负责；凡未认真查看、理解交接班记录，或对自己不清楚的事项又不及时询问的，由接班者负责；交接班双方都没有履行手上交接班工作的，双方都应负责。

7. 各岗位员工在完成交接工作后，应立即投入到生产工作中去，不得做私事，更不得借口以各种理由或是交接班问题而拖延时间。

8.各工具损坏或遗失要详细说明原因，分清责任，并按有关规定办理赔偿手续。对当班发现的安全隐患，应及时向上汇报并处理；未按要求打扫岗位责任区内清洁卫生的不得交班。

# 第三节　高空作业安全规范

## 一、高处作业安全要求

1.从事高处作业的必须办理《高处作业证》，落实安全防护措施后方可施工。

2.《高处作业证》审批人员应赴现场检查确认措施后，方可办理作业证。

高处作业人员必须经安全教育，熟悉现场环境和施工安全要求。

3.高处作业前，作业人员应检查《高处作业证》，检查确认安全措施后方可施工，否则有权拒绝施工。

4.高处作业人应按照规定穿戴劳保用品，作业前要检查，作业中应正确使用防坠落用品与登高器具、设备。

5.高处作业应设监护人对高处作业人员进行监护，监护人应坚守岗位。

## 二、登高前注意事项

1.高处作业使用的安全带，各种部件不得任意拆除，有损坏的不得使用。安全带挂挂，要在垂直的上方无尖锐、锋利棱角的钩件上，不能低挂高用。不准用绳子代替，挂挂必须符合要求。

2.安全帽使用时必须戴稳、系好下颌带。

3.登高作业中使用的各种梯子要坚固，放置要平稳。立梯坡度

一般以 60°~70° 为宜，并应设防滑装置。梯顶无塔钩，梯脚不能稳固时，须有人扶梯监护。人字梯拉绳须牢固，金属梯子不应在电气设备附近使用，梯子应每年检查一次，发现爆裂等不安全因素立即修理或报废。

4. 在石棉瓦、瓦楞板作业时，必须铺设坚固，防滑的脚手板。如果工作面有坡度时，必须加以固定。坑、井、沟、池、吊装孔等都必须有栏杆拦护或盖板盖严，盖板必须坚固。因工作需要移开盖板时，必须加设其他防护措施。

5. 多层交叉作业时，必须戴安全帽，并设置安全网，禁止上下垂直作业。

6. 在六级以上强风或其他恶劣气候条件下，禁止登高作业，室外雷雨天气禁止登高作业。

7. 高处作业所用的工具、零件、材料等必须装入工具袋内。上下时手中不得拿物件；不准在高处投掷材料、工具。不得将易滑的工具、材料堆放在脚手架上防止落下伤人。各种不适宜登高的病症人员不准登高作业，酒后人员、年老体弱、加班疲劳、视力不佳人员也不准登高作业。

8. 高处作业人员必须按要求穿戴个人防护用品和工鞋（劳保鞋）。安全带和安全绳应保持干燥整洁。使用完毕后，应储存于通风干燥、阴凉处。避免接触明火、酸碱等腐蚀品。防止与锋利物品接触，严禁曝晒。

9. 使用高空作业个人防护用品时，应进行检查，确保完好无损方可使用。且要求使用人员正确佩戴和使用。

10. 高空作业时注意周边环境，检查是否有烟感，喷淋头等需要进行保护，以免在施工中误碰造成维修麻烦。

11. 与高空作业同时进行的动火作业、消防改造等都必须要同时办理相关审批手续。

### 三、作业期间注意事项

1. 高处作业必须设有现场安全监护人。高处作业前，作业人员、安全监护人应先认真检查和清理好现场使其符合安全要求，通道要保持通畅，不得堆放与作业无关的物料。有危险地区，要设警标或围蔽，禁止无关人员通行。

2. 进行高处拆卸作业时，一切物品要用吊葫芦、吊绳或用工具袋吊落，严禁直接抛下，如在通道施工时，要临时封锁通道或加防护档板或防护网，并设警告提示绕行。高处作业应距离高压线 3.5 m 以上，并设警告提示防止触电，施工临时电也要留神注意。

3. 高处作业人员作业时思想必须集中，安全监护人要履行安全职责，随时注意四周环境和可能发生的情况变化，凡因工程较大，需要多工种或多部门同时进行高处作业时，要听从现场安全负责人的统一协调指挥，作业人员应接受该负责人的指挥调度。尽量避免在同一垂直上下交叉作业，垂直交叉作业时，必须设置安全挡板或安全网。 作业地区搭设的排栅、平桥、脚手架等要牢固可靠，符合安全要求。高处通道要设置防护栏杆，作业人员对这些设施要经常检查，发现损坏、松脱、霉烂等隐患要及时固修理。

4. 高处作业人员要按照设置的通道和扶梯行走不得贪图方便随便乱走乱攀。作业人员违反高处作业安全规定不听劝阻而造成事故的由本人负责，监护人员应承担一定责任。

5. 凡登高作业包括其他特种作业（如动火、临时线、进罐作业等）应办妥其他特种作业审批手续。

6. 现场负责人、安全员，如发现高处作业施工人员不按规定作业时，要立即指出，责其改正；经指出仍不改者，有权停止其作业。

## 四、梯具使用

1. 所用梯具要定期进行安全检查，当发现梯具出现损坏、踏级变形等严重缺陷时，必须停止使用，并做好相关停用标识进行维修或报废。

2. 梯具是爬向高处工作的过渡工具，不能作为长时间和 2 人以上（包括 2 人）共同工作的高空立足工具。

3. 使用时要求：

（1）严禁使用竹梯，梯具的梯脚必须防滑。

（2）使用梯具时，要求梯脚必须完全着落在平整的、坚实的地面或平台上。严禁悬空作业。

（3）使用梯具作业时，必须确认梯具有防止倾倒或滑动的安全措施，必须有一人进行扶梯监护。

（4）人字梯的保护拉杆必须完好。使用时要求完全打开。注意人字梯仅能作爬梯使用，不能承重施工。

（5）梯子必须摆正。梯子与搭梯子的物体或设备的垂直夹角必须在 60°~70°。防止夹角过大或过小。

（6）爬梯具时严禁一步两级或多级爬上，要求两手紧扶梯子。严禁站在梯子的顶部施工。

（7）使用梯具进行高度超过 2 m 以上的工作时，要求作业人员必须佩戴安全带和安全帽，严禁脱手工作。且必须有一人进行扶梯监护作业。

# 第四节  受限空间作业安全管理

## 一、进入受限空间作业实行分级管理

1. 一级进入受限空间作业：正在生产的工艺装置中，对设备进行完全隔离或孤立，经工艺处理后，氧气、有毒物、可燃物分析化验都合格的受限空间。

2. 二级进入受限空间作业：

（1）停工检修后将物料全部送出装置外罐区的工艺装置，经工艺处理后，氧气、有毒物、可燃物分析化验都合格的受限空间。

（2）运送到安全地点的盛装过有毒或易燃可燃介质的设备容器，经工艺处理后氧气、有毒物、可燃物分析化验都合格的受限空间。

3. 三级进入受限空间作业：不涉及有毒、易燃可燃和窒息性气体介质的受限空间。

4. 特级进入受限空间作业：正在生产的工艺装置中，对设备进行完全隔离或孤立，经工艺处理后，氧气、有毒物、可燃物分析化验有任何一项不合格，或者因条件限制无法对设备内物料完全清理干净的受限空间。

5. 凡进入受限空间作业必须办理"进入受限空间作业许可证"。紧急情况下为抢救员工需要进入受限空间时，可先不办理"进入受限空间作业许可证"，但是必须佩戴隔离式防护器具，事后要按照特级进入受限空间作业补办手续。

## 二、进入受限空间作业许可证的办理程序

1. 进入受限空间作业负责人持施工任务单，向受限空间所属车间（部门）提出申请。

2. 作业许可证办理人应根据生产介质的危害因素安排对受限空间内的氧气、可燃气体、有毒有害气体的浓度进行分析或检测，1 h 内完成采样分析工作。

3. 根据分析报告，确定作业许可证级别。结合危害识别评估结果由部门（车间）有关技术人员制定安全措施，施工项目负责人、基层单位现场安全负责人和施工作业负责人共同落实安全措施。施工作业负责人在"施工作业负责人意见栏"内签署意见；基层单位现场安全负责人在"基层单位现场安全负责人意见"栏内签署意见；安全措施的具体落实人员对安全措施的正确落实负责，并在"确认人签名"栏内签名确认；监护人对安全措施逐条检查、落实后签字确认；最后按分级管理由相关人员审批签发。

4. 将分析报告单附在"进入受限空间作业许可证"安全技术人员留存联上。

5. 进入受限空间作业完工后，作业负责人对现场安全情况进行确认后，在安全技术人员留存联上签名确认。

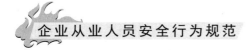

## 三、许可证管理

1."进入受限空间作业许可证"是进入受限空间作业的依据，不应涂改；如确需修改时，应经签发人在修改内容处签字确认。如果"进入受限空间作业许可证"中安全措施、气体检测、评估等栏目不够时，应另加附页。

2.进入受限空间作业许可证一式四联，第一联和附页、危害识别报告、分析报告单由安全技术人员留存备查，保存期一年；第二联、第三联分别由进入受限空间作业执行人、监护人随身携带，保存至作业完成；第四联由作业点所在操作、控制室或岗位保存。

3."进入受限空间作业许可证"中各栏目，应由相应责任人填写，其他人不得代签，作业人员、监护人姓名应与"进入受限空间作业许可证"所填写的相符。

4.一级、二级和特级"进入受限空间作业许可证"的有效期为作业项目一个周期，作业期间应至少每间隔4小时取样复查一次，当作业中断4小时以上时，再次作业前，应重新对环境条件和安全措施予以确认；当作业内容和环境条件变更时，需要重新办理"进入受限空间作业许可证"。

5.三级"进入受限空间作业许可证"的有效期限不得超过3天。

6.一份"进入受限空间作业许可证"只限一处作业，不得多处施工。

## 四、安全措施

1. 受限空间所在部门与施工单位现场安全负责人对现场监护人和作业人进行必要的安全教育，内容应包括所从事作业的安全知识、紧急情况下的处理和救护方法等。

2. 应制定安全应急预案，内容包括作业人员紧急状况时的逃生路线和救护方法，现场应配备的救生设施和灭火器材等。现场人员应熟知应急预案的内容、在受限空间外的现场应配备一定数量符合规定的应急救护器具和灭火器材。受限空间的出入口内外不得有障碍物，保证其畅通无阻，便于人员出入和抢救疏散。

3. 无"进入受限空间作业许可证"和监护人，禁止进入作业。当受限空间状态改变时，为防止人员误入，在受限空间的入口处设置警告牌。

4. 为保证受限空间内空气流通和人员呼吸需要，可采用自然通风，必要时采取强制通风方法，但严禁向内充氧气。进入受限空间内的作业人员每次工作时间不宜过长，应安排轮换作业或休息。

5. 对所要进入受限空间必须进行工艺处理。

（1）对所进入受限空间要切实做好工艺处理，有毒、可燃、腐蚀性物料的设备、容器、管道应按规定的时间进行彻底的蒸汽吹扫、热水蒸煮、酸碱中和、氮气置换，使其内部不含有残渣、余气。

（2）对盛装过能产生自聚物的设备，作业前必须按有关规定蒸煮并做聚合物加热试验。

（3）打开设备人孔前，其内部温度、压力应降到安全条件以下，并从上而下依次打开。在打开底部人孔时，应先打开最底部放料排空阀门，待确认内部没有堵塞或残存物料时，方可进入。人孔盖在松动之前，严禁把螺丝全部拆开，防止烫伤、中毒。

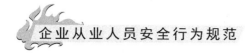

（4）所有与受限空间相连的管道、阀门必须加盲板断开，用符合其工艺压力等级要求的盲板堵上，不得以关闭阀门代替盲板，盲板应挂牌标示。

6.进入受限空间作业前，须进行取样分析。取样分析应符合安全技术要求，并具有代表性、全面性。设备容积较大时要上、中、下各部位取样分析，应保证设备内部任何部位的可燃气体浓度和氧含量合格，有毒有害物质不超过国家规定的"车间空气中有毒物质最高容许浓度"的指标。设备内温度宜在常温左右，作业期间应至少每隔4小时取样复查一次，如有一项不合格，应立即停止作业。

7.在特殊情况下，如进入有毒、有害浓度超标部位或缺氧场所，

无法对设备进行彻底的工艺处理，或紧急情况下抢救人员等，作业人员必须选空气呼吸器、长管式面具或其他适用隔离式防毒面具，以防止中毒和窒息。佩戴长管面具时，一定要仔细检查其气密性，同时应防止长管被挤压，吸气口应置于新鲜空气的上风口，并派专人监护。

8.受限空间外的现场要配备一定数量的应急救护器具和灭火器材。

9.进入受限空间作业，必须遵守用火、临时用电、起重吊装、高处作业、射线作业等有关安全规定，进入受限空间作业许可证不

能代替上述各作业许可证，所涉及的其他作业要按有关规定办理作业许可证。

10. 进入受限空间作业应使用安全电压和安全行灯。进入金属容器（炉、塔、釜、罐等）和特别潮湿、工作场地狭窄的非金属容器内作业照明电压不大于 12 V；当需使用电动工具或照明电压大于 12 V 时，应按规定安装漏电保护器，其接线箱（板）严禁带入容器内使用。当作业环境原来盛装爆炸性液体、气体等介质的，则应使用防爆电筒或电压不大于 12 V 的防爆安全行灯，行灯变压器不应放在容器内或容器上；作业人员应穿戴防静电服装，使用防爆工具。

11. 带有搅拌器等转动部件的设备，应在停机后切断电源，摘除保险或挂接地线，并在开关上挂"有人工作、严禁合闸"警示牌，必要时派专人临护。

12. 高塔型设备内检修作业，要严格执行高处作业的安全规定，所系安全带绳头由塔外监护人掌握，及时取得联系。

13. 进入受限空间作业，不得使用卷扬机、吊车等运送作业人员，作业人员所带的工具、材料须进行登记。作业结束后，进行全面检查，确认无误后，方可交验。

14. 作业人员与监护人必须有可靠的联系手段，能随时保持联系。

15. 出现有人中毒、窒息的紧急情况，抢救人员必须佩戴隔离式防护面具进入受限空间，并少应有一人在外部做联络工作。

16. 进入受限空间作业期间，严禁同时进行各类与该受限空间相关的试车、试压或试验工作及活动。

17. 以上措施如在作业期间发生异常变化,应立即停止作业,"进入受限空间作业许可证"同时废止。待处理并达到安全作业条件后,应重新办理相应等级的"进入受限空间作业许可证",方可再进入受限空间作业。

## 五、各类人员要求

### 1. 对作业人员的要求

（1）身体健康,无心脏病、高血压、低血压、贫血、癫痫和其他不适合进入受限空间内作业的疾病。

（2）熟悉进入受限空间作业的有关安全要求。

（3）开始作业前应验证作业许可证是否合格,验证项目包括部位、等级、有效期、安全措施、分析数据、审批人资格、监护人资格,对不合格的进入受限空间作业许可证有权拒绝执行。

（4）严格执行本规定,做到"四不作业",即没有经批准的作业许可证不作业,作业任务、地点（位号）、时间与许可证不符不作业,安全措施、劳保着装和防护器具不符合规定不作业,监护人不在现场不作业。

### 2. 对作业监护人的要求

（1）工作责任心强,熟悉工艺流程、物料介质特性、周围环境,有判断和处理异常情况的能力,懂急救知识,并经过安全技术培训,考试考核合格。

（2）监护人应对进入受限空间作业人员的安全负责,掌握进入受限空间,必须立即令作业人员停止作业、撤出受限空间,并采取相应的应急措施。

（3）监护人要随身携带"进入受限空间作业许可证"，并负责保管。

### 3. 对"进入受限空间作业许可证"办理人的要求

（1）办理人为受限空间所在车间安全员或安全技术员。

（2）办理人负责牵头、组织工艺技术员、设备技术员及施工单位安全管理人员等相关人员，制定并落实进受限空间作业安全措施。

（3）办理人负责选派监护人，并指定监护负责人，当外单位人员作业时，可要求施工单位派人监护，但不能指定施工单位派出的监护人为监护负责人。

（4）办理人在作业期间应经常检查现场，及时制止违章作业。

（5）危险性较大的进受限空间作业，应亲自担任监护人。

（6）办理人应向进入受限空间作业的所有人员交代安全注意事项。

# 第五节　检修作业挂牌安全管理

## 一、检修挂摘牌原则

1. "必须挂牌"原则：检修任何项目，必须挂"安全检修牌"，断开相应能量源（气、水、电）。

2. "谁挂谁摘"原则：谁要检修，由谁挂牌；谁挂的牌，由谁摘牌。严禁任何人摘取正在起警示作用的"安全检修牌"。

3. "安全确认"原则：检修人员必须确认"所检修项目能量源已可靠切断，并挂好安全检修牌"后，方可开始检修。操作人员必须确认"所检修的项目已具备启机条件，危险区内无人，安全检修牌已摘下"后，方可启动。

## 二、安全挂牌管理

1. 检修作业执行"谁检修、谁负责"的要求，确定检修负责人。

2. 在同一线路设备上多个单位进行不同项目工作时，应分别执行多种工作票，分别挂安全检修牌；各单位挂牌负责人挂牌后均应安排专人值守，各单位工作结束后应分别摘牌。先完工先摘牌，不解除闭锁，由最后摘安全检修牌的人员解除闭锁并恢复送电。

3. "安全检修"牌悬挂位置：悬挂在开关把手处，确保牢靠，在外力作用下不易掉落。牌板内容清楚、容易辨认。

## 三、其他要求

1. 任何作业单位，在设备区域工作，必须告知设备属地单位和调度。

2. 临时安排的工作，需要在设备区域工作，必须告知设备属地单位和调度。

3. 检修中如需中间动车必须进行摘牌和安全巡视，再次作业时重新执行确认、挂牌流程。

4. 设备运行前，必须进行安全巡视，确保所有交叉项目完成人员撤离后方可送电。

5. 在检修过程中，任何一方不得擅自变更已挂牌设备的开关及变更安全措施。

6. 严禁非检修操作人员对"安全检修牌"进行"摘、挂"。

# 第六节　临时用电作业安全管理

## 一、各类人员职责

1. 作业负责人职责：负责按规定办理临时用电作业票，制定安全措施并监督实施，组织安排作业人员，对作业人员进行安全教育，

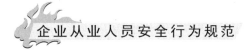

确保作业安全。

2. 作业人员职责：应遵守临时用电作业安管理标准，按规定穿戴劳动防护用品和安全保护用具，认真执行安全措施，在安全措施不完善或没有办理有效作业票时应拒绝临时用电作业。

3. 监护人职责：负责确认作业安全措施和执行应急预案，遇有危险情况时命令停止作业；临时用电作业过程中不得离开作业现场；监督作业人员按规定完成作业，及时纠正违章行为。

4. 作业所在生产车间负责人职责：会同作业负责人检查落实现场作业安全措施，确保作业场所符合临时用电作业安全规定。

## 二、工作要求

1. 在运行的生产装置、罐区和具有火灾爆炸危险场所内一般不应接临时电源，确需时应对周围环境进行可燃气体检测分析，分析结果应符合有关要求。

2. 各类移动电源及外部自备电源，不应接入电网。

3. 动力和照明线路应分路设置。

4. 在开关上接引、拆除临时用电线路时，其上级开关应断电上锁并加挂安全警示标牌。

5. 临时用电应设置保护开关，使用前应检查电气装置和保护设施的可靠性。所有的临时用电均应设置接地保护。

6.临时用电设备和线路应按供电电压等级和容量正确使用，所用的电器元件应符合有关规范要求，临时用电电源施工、安装应符合规范要求，并有良好的接地，同时应满足如下要求：

（1）火灾爆炸危险场所应使用相应防爆等级的电源及电气元件，并采取相应的防爆安全措施。

（2）临时用电线路及设备应有良好的绝缘，所有的临时用电线路应采用耐压等级不低于 500 V 的绝缘导线。

（3）临时用电线路经过有高温、振动、腐蚀、积水及产生机械损伤等区域，不应有接头，并应采取相应的保护措施。

（4）临时用电架空线应采用绝缘铜芯线，并应架设在专用电杆或支架上。其最大弧垂与地面距离，在作业现场不低于 2.5 m，穿越机动车道不低于 5 m。

（5）对需埋地敷设的电缆线线路应设有走向标志和安全标志。电缆埋地深度不应小于 0.7 m，穿越公路时应加设防护套管。

（6）现场临时用电配电盘、箱应有电压标识和危险标识，应有防雨措施，盘、箱、门应能牢靠关闭。

（7）行灯电压不应超过 36 V，在特别潮湿的场所或塔、釜、槽、罐等金属设备作业装设的临时照明行灯电压不应超过 12 V。

（8）临时用电设施应安装符合规范要求的漏电保护器，移动工具、手持式电动工具应做到"一机一闸一保护"。

7.临时用电单位不应擅自向其他单位转供电或增加用电负荷，以及变更用电地点和用途。

8.临时用电结束后，用电单位应及时通知供电单位拆除临时用电线路。

# 第七节  特种作业人员管理制度

## 一、特种作业的范围

1. 电工（运行、维修）作业。

2. 金属焊接（切割）作业。

3. 起重作业（包括桥、塔、门式起重机驾驶、起重工等）。

4. 厂内机动车辆驾驶作业。

5. 压力容器操作。

6. 炉工作业。

7. 登高作业。

## 二、日常管理

1. 特种作业人员必须持证上岗，严禁无证操作。特种作业人员在独立上岗作业前，必须按照国家有关规定进行与本工种相适应的、专业技术理论学习和实践操作训练。经有资质的专业培训，考核合格后，持有关行政管理机构该发的有效操作证件方能上岗作业。

2. 特种作业人员应熟知本岗位及工种的安全技术操作规程，严格按照相关规程进行操作。

3. 特种作业人员作业前须对设备及周围环境进行检查，清除周围影响安全作业的物品，严禁设备没有停稳进行检查、修理、焊接、加油、清扫等违章行为。焊工作业（含明火作业）时必须对周围的设备、设施、物品进行安全保护或隔离，严格遵守厂内用电、动火审批程序。

4.特种作业人员必须正确使用个人防护用品用具，严禁使用有缺陷的防护用品用具。

5.安装、检修、维修等作业时必须严格遵守安全作业技术规程，作业结束后必须清理现场残留物，关闭电源，防止遗留事故隐患，因作业疏忽或违章操作而造成的安全事故的，视情节按照有关规章制度追究责任人责任，或移交司法机关处理。

6.特种作业人员在操作期间，发觉视力障碍，反应迟缓，体力不支，血压上升致身体不适等有危及安全作业的情况时，应立即停止作业，任何人不得强行命令或指挥其进行作业。

7.特种作业人员在工具缺陷、作业环境不良的生产作业环境，且无可靠防护用品和无可靠防范措施情况下，有权拒绝作业。

8.各车间、部门应加强规范化管理，对特种作业人员生产作业过程中出现的违章行为，及时进行纠正和教育。

9.安全管理人员、安全员有权对违章从事特种作业的行为进行制止和处理。

### 三、特种作业人员的培训、发证和复审

1.特种作业人员在培训期间各车间、部门必须安排其参加脱产

培训，受培训人员必须按时参加学习，参加考核。

2. 取得"特种作业操作资格证"的特种作业人员，必须按国家规定的期限进行复审，复审不合格或未复审的，吊销其"特种作业操作证"，不得继续独立从事特种作业。

3. 特种作业人员到期复审和新增特种作业人员的初审，由各车间向安全环保部提供需要复审、初审的人员名单，安全环保部负责组织进行安技培训。培训和考核结束后，将有关培训资料和证件交到安全环保部，证件发放由安全环保部负责。

4. 特种作业人员操作证件到期需要继续复审的，应当至少提前两个月将复审人员名单提供给安全环保部。

# 第八节　设备的维护保养

1. 精心维护好设备是设备管理的重要环节，对于保证设备正常运行、延长设备使用寿命、减少各类维修工作量、降低维修费用等方面都有显著效果，为此必须做好设备的维护保养工作。

2. 开展"完好设备"及"无泄漏"活动，对公司所有设备，实行岗位包机到人制。做到所有设备、管道、阀门、法兰、电器仪表、动静密封点等都落实到人，真正做到台台设备、条条管道、个个阀门、块块仪表都有专人管理。

3. 操作人员要严格执行好操作规程，用严肃的态度和科学的方法正确使用和维护好设备。

4. 操作人员对所有使用的设备，应做到"四懂""三会"（即懂构造、懂原理、懂性能、懂工艺流程，会操作、会保养、会排除故障），经考试合格，持证上岗操作。

5. 所有操作人员，必须做好下列主要工作：

（1）严格按操作规程进行设备的启动运行和停车。

（2）必须坚守岗位，严格执行巡回检查制度，并认真填写运行记录。

（3）认真做好设备润滑工作，坚持润滑油过滤制。

（4）严格执行交接班制，达到设备无杂音，仪表准确、灵敏。

（5）保持设备整洁，及时消除跑冒滴漏，做到设备见本色，无油垢，使设备运行正常。

6.各工段所有备用设备，由当班工段长负责落实当班岗位人员管理，注意防尘、防潮、防冻、防腐蚀，对于运转设备还应定期进行盘车和切换，使所有备用设备经常处于良好状态。

7.操作人员如发现设备有异常情况，应立即检查原因，及时向有关人员反映，在紧急情况下，应采取果断措施或立即停车，并立刻上报当班调度及有关部门负责人。不弄清原因、不排除故障，不得盲目开车。未处理的缺陷需记在运行记录上，并向下一班交代清楚。

8.维修人员（机、电、仪）应做好下列主要工作：

（1）定期上岗检查，并主动向操作工了解设备运行情况。

（2）发现缺陷及时消除，不能立即消除的缺陷要详细记录，及时向班长或部门负责人上报，部门负责人应结合设备检修予以消除。

（3）维修工在完成检修任务后，及时填写检修记录（包括损坏部件、更换部件名称、数量、检修人姓名及检修日期等项）。

（4）按质按量完成维修任务。

9.设备管理人员应对设备维护保养制度贯彻执行情况进行监督检查、总结经验、不断改进提高。

10.未经设备技术动力科批准，不得将配套设备、备用设备拆件使用。

11.设备维护保养标准：

（1）操作人员维护保养标准：

操作人员做到"四懂""三会"，即懂构造、懂原理、懂性能、懂工艺流程，会操作、会保养、会排除故障。

必须做好下列工作：

①严格按操作规程进行设备的启动、运行与停车。

② 必须坚守岗位，严格执行巡回检查制度，认真填写运行记录。

③ 认真做好设备润滑工作。

④ 严格执行交接班制度。

⑤ 保持设备整洁，及时消除跑冒滴漏。

⑥ 发现设备不正常，应立即检查原因，及时反映。在紧急情况下，应采取果断措施或立即逐级上报。不弄清原因，不排除故障不得盲目开车。

⑦ 对备用转动设备每班进行一次或二次检查、盘车。

（2）维修人员维护保养标准：

① 定时定点检查，主动向操作工了解设备运行情况。

② 发现缺陷及时消除，不能及时消除的缺陷，要详细记录，及时上报，并结合检修予以消除。

③ 按质按量完成维修任务。

# 第九节  设备的检修管理

1. 检修分为：日常维修和小修、中修、大修。

2. 日常维修由各生产部门根据具体情况，设备技术动力科提出进行维护保养和检修的申请。维修工人（机、电、仪）应做好下列主要工作：

（1）定期进行巡回检查，并主动向操作工了解设备运行情况。

（2）发现缺陷及时消除，不能立即消除的缺陷要详细记录，及时向班长或部门负责人上报，部门负责人应结合设备检修予以消除。

（3）维修工在完成检修任务后，应及时地填写检修记录（包括更换零部件名称、数量、检修人、检修日期及验收人员等）。

3. 小修一般每月进行一次，中修每半年进行一次，大修每年进行一次，由企业根据实际情况确定检修日期。

（1）检修计划的制订：

① 不论小修、中修、大修，检修前均应制订检修计划，制定相关的安全检修措施。

② 根据检修间隔期及设备检查评级中发现的问题，大修前三个月由生产科和设备技术部门编制大修项目计划，检修计划提出时，应同时将所有备品配件及材料，工器具计划等报设备技术动力科。

③ 设备技术动力科接到各部门检修计划后，会同设备管理人员到各生产部门，进一步落实大修项目和所需材料，并进行汇总，于大修前两个月报生产副总经理审阅，提交生产调度会研究批准，

并将大修计划下达至各相关部门；中修由设备技术科科长审批；小修由维修班组审批。

（2）检修计划的实施：

① 生产副总经理负责系统停车检修指挥工作。

② 各生产相关部门在接到检修计划后，应认真做好准备，组织实施。

③ 检修所需设备及配件由设备技术动力科下达购置计划，公司经营负责购置。

④ 检修时，要切实抓好停车、置换、检修、试压、开车四个环节，切实抓好安全保卫工作，防止事故发生。

⑤ 检修人员应做到科学检修，严格执行检修方案和检修规程、安全技术规程，文明施工，对工程质量要一丝不苟。

⑥ 结合设备检修，进行设备、工艺改造的项目，应向设备管理人员报告并附图说明，总工审核，经公司领导批准方可执行。

⑦ 设备检修要严把质量关，采取自检、互检和专业检查相结合的方法。施工单位要如期保质保量完成任务，并做到工完、料净、场地清。

⑧ 每年一次系统停车大修，要按规定对有关压力容器进行检测，并执行有关压力容器管理的有关规定。

⑨ 设备需要委托外单位进行大修时，由设备技术动力科对外联系，并签订维修合同或协议，并约定保修期限。

（3）检修质量的验收交接：

① 检修完工后，应及时办理竣工验收，设备技术动力科负责设备的竣工验收。

② 各部门和岗位应切实做好设备检修记录。

③ 外单位承担的检修任务在检修完工后，由使用单位、设备技术动力科、维修单位一起对检修质量进行验收，验收合格，设备管理人员填写"验收合格单"，检修设备移交使用单位。在保修期间出现问题，由检修单位负责。

# 第十节　职业病防治

## 一、职业危害因素、职业病

1.职业危害因素，是指在生产劳动或者其他职业活动中存在的危害劳动者身体健康的物理性、化学性、生物性各种有害因素的总称。

2.职业病，是指施工作业人员在紫外线照射、人孔内的有毒、有害气体等有害因素产生职业危害因素引起的疾病。

## 二、防治措施

1. 职业危害因素产生的职业病防治工作，各部门要以预防为主的方针，实行防治结合、综合治理、监督与服务相结合的原则。加强职业病防治工作的宣传教育，普及预防知识，加强个人防护，开展群众性的防治工作。

2. 建立、健全职业病防治组织体系和责任制。公司建立以总经理为第一责任人，质量、安全、工会负责监督管理，各部门负责人、各部门经理、项目部的项目经理对单位职业病防治工作负全面责任。

3. 职业病防治工作所需的费用在施工安全措施费中列支。

4. 项目工程施工，必须将职业危害防护设施与主体工程同时施工，对易发生急性中毒和其他急性职业病的作业场所，项目部需配备相应的急救设备、设施、药品，应制定专项施工措施及应急预案。

5. 加强机电设备的管理，防止有害、有毒物的跑、冒、滴、漏，污染环境，要采取通风法、排毒、降噪、隔离等技术性措施来降低或消除生产性有害因素。

6. 对作业现场易有毒、有害气体类等有害因素，加强监测管理，配备齐全的个人劳动防护用品，需加强对个人防护，养成良好的卫生习惯教育，合理安排员工休息，注意营养，增强机体对有害物质的抵抗能力，防止有害物

质进入体内。

7.高温季节合理安排生产，避免高温作业施工，并配备相应的防暑用品以防中暑等职业病危害因素的发生。女职工在孕期、经期、产期、哺乳期，禁止安排其重体力作业、夜间严禁安排值班。

8.采购设备和材料，优先采用有利于职业病防治和保护劳动者健康的新工艺、新技术和新材料，对确实需要使用存在有职业病危害设备和化学材料的，应该注明其成分、性能、安全操作规程、维护和使用方法，并应提供相应的防护和应急措施。

9.对作业现场采用的职业病防护用品必须符合防止职业病的要求，不合格产品，禁止使用。

10.在各项生产活动中，特殊工种人员必须进行严格培训，持证上岗。遵守各项安全操作规程和有关的职业健康安全卫生制度，防止发生意外事故。要将各项控制、消除职业病危害的措施落实到每一个岗位的每一个人。

# 第五章

## 劳动保护用品

# 第一节　个人防护用品分类

### 一、头部防护

安全帽、头罩/头盔、矿工帽、防寒帽、阻燃焊工帽、安全帽配件、其他。

### 二、眼面防护

防护眼镜、防护眼罩、电焊面罩、防护面屏、洗眼器、眼面部配件、其他。

### 三、听力防护

耳塞、耳罩、耳塞分配器、听力配件、其他。

### 四、呼吸防护

防尘口罩、防毒面具、防尘面罩、氧气呼吸器、电动送风呼吸装置、逃生/急救呼吸器、车载式移动供氧装置、滤棉/纸、滤盒/罐、防尘面具、充气设备及配件、长管呼吸器及配件、正压式空气呼吸器、防尘/防毒面具配件、其他。

### 五、手部防护

防割手套、绝缘手套、防化手套、焊工手套、耐低温手套、耐高温手套、防静电手套、防震手套、防撞手套、防电弧手套、耐酸碱手套、干箱操作手套、通用手套、一次性手套、精细操作手套、防割护腕、指套、其他。

### 六、身体防护

防化服、隔热服、防寒服、阻燃服、焊工服、防静电服、防电弧服、绝缘服、降温背心、耐低温服、射线防护服、普通工作服、反光衣、防割护臂、雨衣、袖套、围裙、救生衣、打砂衣、其他 。

### 七、足部防护

安全鞋、防护靴、绝缘鞋 / 靴、防静电鞋 / 靴、耐酸碱靴、防割护腿、护脚盖 / 鞋套 / 靴套、水鞋、雨鞋、其他。

### 八、坠落防护

安全带、安全绳、安全网、定位 / 限位绳、缓冲 / 减震绳、抓绳器、坠落制动器 / 速差器、三脚架系统、生命线系统、连接件及附件、逃生救援装置、上升 / 下降 / 救援设备、其他。

### 九、其他防护

# 第二节　个人安全防护用品的使用规范

## 一、安全帽

作业现场，作业人员所佩戴的安全帽主要是为了保护头部不受到伤害。它可以在以下几种情况下保护人的头部不受伤害或降低头部伤害的程度。

1. 飞来或坠落下来的物体击向头部时；

2. 当作业人员从 2 m 及以上的高处坠落下来时；

3. 当头部有可能触电时；

4. 在低矮的部位行走或作业，头部有可能碰撞到尖锐、坚硬的物体时。

安全帽的佩戴要符合标准，使用要符合规定。如果佩戴和使用不正确，就起不到充分的防护作用。一般应注意下列事项：

1. 戴安全帽前应将帽后调整带按自己头型调整到适合的位置，然后将帽内弹性带系牢。缓冲衬垫的松紧由带子调节，人的头顶和帽体内顶部的空间垂直距离一般在 25 ~ 50 mm，至少不要小于 32 mm 为好。这样才能保证当遭受到冲击时，帽体有足够的空间可供缓冲，平时也有利于头和帽体间的通风。

2. 不要把安全帽歪戴，也不要把帽沿戴在脑后方。否则，会降低安全帽对于冲击的防护作用。

3. 安全帽的下颌带必须扣在颌下，并系牢，松紧要适度。这样不至于被大风吹掉，或者是被其他障碍物碰掉，或者由于头的前后摆动，使安全帽脱落。

4. 安全帽体顶部除了在帽体内部安装了帽衬，有的还开了小孔通风。但在使用时不要为了透气而随便再行开孔。因为这样做会使帽体的强度降低。

5. 由于安全帽在使用过程中，会逐渐损坏。所以要定期检查，检查有没有龟裂、下凹、裂痕和磨损等情况，发现异常现象要立即更换，不准再继续使用。任何受过重击、有裂痕的安全帽，不论有无损坏现象，均应报废。

6. 严禁使用只有下颌带与帽壳连接的安全帽，也就是帽内无缓冲层的安全帽。

7. 作业人员在现场作业中，不得将安全帽脱下，搁置在一旁，或当座垫使用。

8. 由于安全帽大部分是使用高密度低压聚乙烯塑料制成，具有硬化和变蜕的性质。所以不易长时间地在阳光下曝晒。

9. 新领的安全帽，首先检查是否有劳动部门允许生产的证明及产品合格证，再看是否破损、薄厚不均，缓冲层及调整带和弹性带是否齐全有效。不符合规定要求的立即调换。

10. 在现场室内作业也要戴安全帽，特别是在室内带电作业时，更要认真戴好安全帽，因为安全帽不但可以防碰撞，而且还能起到绝缘作用。

11. 平时使用安全帽时应保持整洁，不能接触火源，不要任意涂刷油漆，不准当凳子坐，防止丢失。如果丢失或损坏，必须立即补发或更换。无安全帽一律不准进入施工现场。

## 二、安全带

作业现场，高处作业，重叠交叉作业非常多。为了防止作业者在某个高度和位置上可能出现的坠落，作业者在登高和高处作业时，必须系挂好安全带。安全带的使用和维护有以下几点要求：

1. 思想上必须重视安全带的作用。无数事例证明，安全带是"救命带"。可是有少数人觉得系安全带麻烦，上下行走不方便，

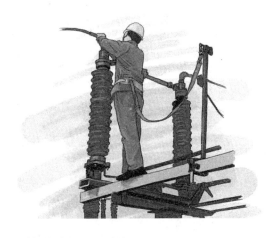

特别是一些小活、临时活，认为"有扎安全带的时间活都干完了"。殊不知，事故发生就在一瞬间，所以高处作业必须按规定要求系好安全带。

2.安全带使用前应检查绳带有无变质、卡环是否有裂纹，卡簧弹跳性是否良好。

3.高处作业如安全带无固定挂处，应采用适当强度的钢丝绳或采取其他方法。禁止把安全带挂在移动或带尖锐棱角或不牢固的物件上。

4.高挂低用。将安全带挂在高处，人在下面工作就叫高挂低用。这是一种比较安全合理的科学系挂方法。它可以使有坠落发生时的实际冲击距离减小。与之相反的是低挂高用。就是安全带拴挂在低处，而人在上面作业。这是一种很不安全的系挂方法，因为当坠落发生时，实际冲击的距离会加大，人和绳都要受到较大的冲击负荷。所以安全带必须高挂低用，杜绝低挂高用。

5.安全带要拴挂在牢固的构件或物体上，要防止摆动或碰撞，绳子不能打结使用，钩子要挂在连接环上。

6.安全带绳保护套要保持完好，以防绳被磨损。若发现保护套损坏或脱落，必须加上新套后再使用。

7.安全带严禁擅自接长使用。如果使用 3 m 及以上的长绳时必须要加缓冲器，各部件不得任意拆除。

8. 安全带在使用前要检查各部位是否完好无损。安全带在使用后，要注意维护和保管。要经常检查安全带缝制部分和挂钩部分，必须详细检查捻线是否发生裂断和残损等。

9. 安全带不使用时要妥善保管，不可接触高温、明火、强酸、强碱或尖锐物体，不要存放在潮湿的仓库中保管。

10. 安全带在使用两年后应抽验一次，频繁使用应经常进行外观检查，发现异常必须立即更换。定期或抽样试验用过的安全带，不准再继续使用。

### 三、防护服

作业现场上的作业人员应穿着工作服。焊工的工作服一般为白色，其他工种的工作服没有颜色的限制。防护服有以下几类：

1. 全身防护型工作服；

2. 防毒工作服；

3. 耐酸工作服；

4. 耐火工作服；

5. 隔热工作服；

6. 通气冷却工作服；

7. 通水冷却工作服；

8. 防射线工作服；

9. 劳动防护雨衣；

10. 普通工作服。

作业现场上对作业人员防护服的穿着要求是：

1. 作业人员作业时必须穿着工作服；

2. 操作转动机械时，袖口必须扎紧；

3. 从事特殊作业的人员必须穿着特殊作业防护服；

4. 焊工工作服应是白色帆布制作的。

## 四、防护眼镜

物质的颗粒和碎屑、火花和热流、耀眼的光线和烟雾都会对眼睛造成伤害。这时就必须根据防护对象的不同选择和使用防护眼镜。

1. 防打击的护目眼镜有三种：

（1）硬质玻璃片护目镜；

（2）胶质黏合玻璃护目镜（受冲击、击打破碎时呈龟裂状，不飞溅）；

（3）钢丝网护目镜。它们能防止金属碎片或屑、砂尘、石屑、混凝土屑等飞溅物对眼部的伤害。金属切削作业、混凝土凿毛作业、手提砂轮机作业等适合于佩戴这种平光护目镜。

2. 防紫外线和强光用的防紫外线护目镜和防辐射面罩。焊接工作使用的防辐射线面罩应由不导电材料制作，观察窗、滤光片、保护片尺寸吻合，无缝隙。护目镜的颜色是混合色，以蓝、绿、灰色的为好。

3. 防有害液体的护目镜主要用于防止酸、碱等液体及其他危险注入体与化学药品所引起对眼睛的伤害。一般镜片用普通玻璃制作，镜架用非金属耐腐蚀材料制成。

4. 在镜片的玻璃中加入一定量的金属铅面制成的铅制玻璃片的护目镜，主要是为了防止 X 射线对眼部的伤害。

5. 防灰尘、烟雾及各种有轻微毒性或刺激性较弱的有毒气体的防护镜必须密封、遮边无通风孔，与面部接触严密，镜架要耐酸、耐碱。

### 五、防护鞋

防护鞋的种类比较多，如皮安全鞋、防静电胶底鞋、胶面防砸安全鞋、绝缘皮鞋、低压绝缘胶鞋、耐酸碱皮鞋、耐酸碱胶靴、耐酸碱塑料模压靴、高温防护鞋、防刺穿鞋、焊接防护鞋等。应根据作业场所和内容的不同选择使用。

电力建设施工现场上常用的有绝缘靴（鞋）、焊接防护鞋、耐酸碱橡胶靴及皮安全鞋等。对绝缘鞋的要求有：

1. 必须在规定的电压范围内使用；

2. 绝缘鞋（靴）胶料部分无破损，且每半年作一次预防性试验；

3. 在浸水、油、酸、碱等条件上不得作为辅助安全用具使用。

### 六、防护手套

作业现场上人的一切作业，大部分都是由双手操作完成的。这就决定了手经常处在危险之中。对手的安全防护主要靠手套。使用防护手套时，必须对工件、设备及作业情况分析之后，选择适当材料制作的，操作方便的手套，方能起到保护作用。但是对于需要精细调节的作业。戴用防护手套就不便于操作，尤其是对于使用钻床、铣床和传送机旁及具有夹挤危险的部位操作人员，若使用手套，则有被机械缠住或夹住的危险。所以从事这些作业的人员，严格禁止使用防护手套。

作业现场上常用的防护手套有下列几种：

1. 劳动保护手套。其具有保护手和手臂的功能，作业人员工作时一般都使用这类手套。

2. 带电作业用绝缘手套。要根据电压选择适当的手套，检查表面有无裂痕、发黏、发脆等缺陷，如有异常禁止使用。

3. 耐酸、耐碱手套。其主要用于接触酸和碱时戴的手套。

4. 橡胶耐油手套。其主要用于接触矿物油、植物油及脂肪族的各种溶剂作业时戴的手套。

5. 焊工手套。电、火焊工作业时戴的防护手套，应检查皮革或帆布表面有无僵硬、薄档、洞眼等残缺现象，如有缺陷，不准使用。手套要有足够的长度，手腕部不能裸露在外边。

## 七、防尘口罩

1. 防尘口罩的分类

按其结构与工作原理分为两大类：自吸过滤式与供气式。

自吸过滤式：简称过滤式口罩的工作原理是使含有害物的空气通过口罩的滤料过滤进化后再被人吸入。

供气式：将与有害物隔离的干净气源，通过动力作用如空压机、压缩气瓶装置等，经管及面罩送到人的面部供人呼吸。

自吸过滤式防尘口罩的结构分为两大部分：一是面罩的面具，我们可以简单理解为它是一个口罩的架子；另一个是滤材部分，包括用于防尘的过滤棉以及防毒用的化学过滤盒等。

自吸过滤式防尘口罩又包括多种类型：

半面型：即只把呼吸器官（口和鼻）盖住的口罩。

全面型：即口罩可把整个面部包括眼睛都盖住的。

电动送风型：即通过电池和马达驱动，将含有害物质的空气抽入滤材过滤后供人呼吸。

2. 防尘口罩的保养方法

（1）口罩在不戴时，应叠好放入清洁的信封内，并将紧贴口鼻的一面向里折好，切忌随便塞进口袋里或是在脖子上挂着。

（2）防尘口罩应该坚持每天清洗和消毒，无论是纱布口罩，还是空气过滤面罩都可以用加热的办法进行消毒。

防尘口罩保养的具体做法是：

① 清洗。先用温水和肥皂轻轻地揉搓纱布口罩，碗形面罩可以用软刷蘸洗涤剂轻轻刷净，然后用清水洗干净。请注意，千万不要用力揉搓，因为如果纱布的经纬间隙过大就失去了防阻飞沫的作用。

② 消毒。将洗干净的口罩放在 2% 的过氧乙酸溶液中浸泡 30 min，或在开水里煮 20 min 或放在蒸锅里蒸 15 min，然后晾干备用。这种方法适用于纱布口罩和碗形面罩。

③ 检查。再次使用前，应该仔细检查口罩和面罩是否仍然完好，对于纱布口罩和面罩都可以采取透光检查法，即拿到灯前照看，看看有没有明显的光点，中间部分与边缘部分透光率是不是一致，如果有疑问就要更换新的。不论怎样，面罩和口罩在清洗 3~7 次以后一般就

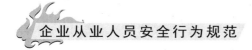

要更新，质量特别好的口罩可以清洗 10 次。活性炭吸附式口罩要注意定期更换活性炭夹层，如果活性炭夹层是不可更换的，用过 7~14 d 就要更换，这种口罩是不能清洗后再重复使用的。

## 八、耳罩、耳塞

耳罩耳塞是保护人的听觉免受强烈噪声损伤的个人防护用品，许多高分贝作业环境严重影响工作者的听力安全，因此应根据实际现场环境为作业者合理选择有保障性的隔音耳罩，减少对作业者听力造成伤害的可能。

1. 可分为耳塞、耳罩和防噪声头盔三类

（1）耳塞：可插入外耳道内或插在外耳道的入口，适用于 115 dB 以下的噪声环境。它有可塑式和非可塑式两种。可塑式耳塞用浸蜡棉纱、防声玻璃棉、橡皮泥等材料制成。

（2）耳罩：形如耳机，装在弓架上把耳部罩住使噪声衰减的装置。耳罩的噪声衰减量可达 10 ~ 40 dB，适用于噪声较高的环境，如造船厂、金属结构厂的加工车间、发动机试车台等。

（3）防噪声头盔：可把头部大部分保护起来，如再加上耳罩，防噪效果就更好。这种头盔具有防噪声、防碰撞、防寒、防暴风、防冲击波等功能，适用于强噪声环境，如靶场、坦克舱内部等高噪声、高冲击波的环境。

2. 评价标准

护耳器的评价主要是从声衰减量、舒适感、刺激性、方便性和耐用性等方面来衡量的。

（1）声衰减量：以佩戴护耳器和裸耳时的听阈差值表示。差值越大，护耳器的性能越好。护耳器可使噪声衰减 10 ~ 45 dB。测量护耳器声衰减量的方法有主观测试法（真耳法）和客观测试法（人工耳法）两种。前者是心理—物理学法，即在自由声场中测量戴护耳器和不戴护耳器时听阈的差值。后者是物理学法，以物理仪器代替人的主观反应来测试护耳器的声衰减量。

（2）舒适感：是人们佩戴护耳器后的主观反应。从护耳器的实际使用情况来看，护耳器能否得到广泛应用，主要是佩戴后是否舒适。

（3）刺激性、方便性和耐用性：刺激性是指佩戴护耳器一段时间后，对绝大多数人有否刺激作用，会不会引起皮肤过敏。方便性是指护耳器是否结构简单和容易佩戴，适应性强。耐用性是指护耳器使用寿命长短，以不易老化、不易损坏的为好。

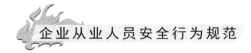

### 九、常用安全护具的检验方法

常用的安全护具必须认真进行检查、试验。安全网是否有杂物，是否被坠物损坏或被吊装物撞坏。安全帽被物体击打后，是否有裂纹等。经常对安全护具的检查按要求进行。

1. 安全帽：3 kg 重的钢球，从 5 m 高处垂直自由坠落冲击下不被破坏，试验时应用木头做一个半圆人头模型，将试验的安全帽内缓冲弹性带系好放在模型上。各种材料制成的安全帽试验都可用此方法。检验周期为每年一次。

2. 安全带：国家规定，出厂试验是取荷重 120 kg 的物体，从 2~2.8 m 高架上冲击安全带，各部件无损伤即为合格。施工单位可根据实际情况，在满足试验负荷重标准情况下，因地制宜采取一些切实可行的办法。一些施工单位经常使用的方法是：采用麻袋，由装木屑刨花等作填充物，再加铁块，以达到试验负荷的重的标准。用专做实验的架子，进行动、静荷重试验。锦纶安全带配件极限拉力指标为：腰带 1200 ~ 1500 kg，背带 700 ~ 1000 kg，安全绳 1500 kg，挂钩圆环 1200 kg，固定卡子 60 kg，腿带 700 kg。安全带的负荷试验要求是：施工单位对安全带应定期进行静负荷试验。试验荷重为 225 kg，吊挂 5 min，检查是否变形、破裂等情况，并做好记录。安全带的检验周期为：每次使用安全带之前，必须进行认真的检查。对新安全带使用两年后进行抽查试验，旧安全带每隔 6 个月进行一次抽检。需要注意的是，凡是做过试验的安全护具，不准再用。

3. 个人防护用品的检查还必须注意：

（1）产品是否有"生产许可证"单位生产的产品；

（2）产品是否有"产品合格证书"；

（3）产品是否满足该产品的有关质量要求；

（4）产品的规格及技术性能是否与作业的防护要求吻合。

# 第三节 劳动防护用品管理制度

1. 在生产过程中，因化学、物理、生物因素而产生的有害因素和劳动过程中及作业现场的安全卫生设施不良产生的危害因素，均应对作业人员进行劳动防护用品配备。

2. 免费为生产人员提供符合国家规定的劳动防护用品，并不以货币形式或其他物品替代。具体执行按照《劳动防护用品发放规定》。

3. 员工在厂内调动工作时，其享有的劳动保护用品可随身转带。工种变化的劳动防护用品（除特殊工种外），安全部有权作出相应调整。

4. 员工因特种作业确需配置特种劳动防护用品的，须经生产部与安全部门共同认定后配置或借用。

5. 凡作业环境会对从业人员产生危害的岗位按照标准规定发放劳动防护用品。

6. 凡在作业过程中佩戴和使用的保护人体安全的器具，如防护面罩、过滤式面具、空气呼吸器、防护眼镜、耳塞、防毒口罩、特种手套、防护服、绝缘手套、绝缘胶靴、绝缘垫等均属防护器具，必须妥善保管，正确使用。

7. 劳动防护用品由专人采购符合标准要求的产品，按规定入库，发放给使用人员，填写《劳动防护用品发放登记表》，由公司安全生产管理部门监督、检查发放情况。

8. 劳动防护用具（品）的使用。

9. 员工进入生产装置或生产作业现场，必须按照规定穿戴防护用品，否则按照违章处罚。

10.各车间对特种型防护用品，如防毒面具、空气呼吸器等要建立台账，常用的防护用品应存放在公众易于取用场所，做到防潮、防高温、防锐器损坏。

11.对使用方法比较复杂的防护用品，如防毒面具、呼吸器等必须认真研读使用说明，正确掌握其使用方法。

12.对因工作原因造成损坏的特种型防护用品，由生产部更换。对非因工造成劳动防护用品损失的，由损坏人按原价赔偿。

# 第六章

## 安全生产　预防事故

# 第一节　员工在安全方面的权利和义务

## 一、员工在安全方面的权利

知情权：员工有权了解作业场所和工作岗位存在的危险因素、防范措施及事故应急措施。

建议权：员工有权对企业安全生产方面的制度、办法、技术等提出建议。

拒绝权：员工有权拒绝违章指挥和强令冒险作业。

紧急避险权：员工发现直接危及人身安全的紧急情况时，有权停止作业或采取可能的应急措施后撤离作业场所。

接受教育权：员工有权接受安全生产方面的教育和培训。

享受工伤保险和获得赔偿的权利：员工有权依法享受工伤保险和赔偿的权利。

## 二、员工在安全生产方面的义务

应严格遵守企业的安全生产规章制度和操作规程，服从管理。

保证本岗位设备、工具的安全，不使用自己不该使用的机械和设备，正确佩戴和使用劳动防护用品。

应当接受安全生产教育和培训，掌握本职工作所需的安全生产知识，提高安全生产技能，增强事故预防和应急处理能力。

发现事故隐患或者其他不安全因素，应当立即上报；发生事故要正确处理，及时、如实向上级报告。

对他人违章加以劝阻和制止。

# 第二节 安全操作规程

## 一、电工安全操作技术基本要求

1. 电工作业人员必须经过有关部门安全技术培训，取得特种作业操作证后，方可独立上岗操作。现场用电作业必须由电工完成，严禁他人私拉乱接等作业。

2. 所有绝缘、检验工具，应妥善保管，严禁他用，并应定期检查、检验。

3. 现场施工用电高低压设备及线路，应按照施工组织设计及有关电气安全技术规程安装和架设。线路上禁止带负荷接电或断电，并禁止带电操作。

4. 电气设备和线路必须绝缘良好，电线不得与金属物绑在一起；各种施工用电设备必须按规定进行保护接零及装设漏保器。遇有临时停电或停工休息时，必须拉闸加锁。

5. 有人触电时，应立即切断电源，进行急救；电气着火时，应立即将有关电源切断，使用干粉灭火器灭火。

6. 在施工现场专用的中性点直接接地的电力系统中，必须采用TN-S接零保护系统。

7. 施工现场每一处重复接地的接地电阻值应不大于$10\Omega$，且不得少于3处（即总配电箱、线路的中间和末端处）。

8. 电气设备所有保险丝（片）的额定电源应与其负荷容量相适应。禁上用其他金属丝代替保险丝。

9. 动力线路与照明线路必须分开架设。照明开关、灯口及插座

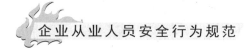

等，应正确接入相线及零线。

10. 施工现场夜间临时照明电线及灯具，室内高度应不低于2.4 m，室外高度应不低于3 m。易燃、易爆场所应有防爆灯具。施工现场照明灯具的金属外壳和金属支架必须作保护接零。电线要采用三芯橡皮护套电缆，严禁使用花线和护套线。

11. 要按规定做好钢管脚手架等的防雷接地保护。接地体可用角钢，不得使用螺纹钢，接地电阻应符合规范要求。

12. 支线架设应设置横担，并用绝缘子固定；电线严禁架设在脚手架、树木等处，不准用竹质电杆；架空线路不准成束架设。

13. 电气设备的金属外壳，必须接保护零线，同一供电系统不允许电气设备有的接地有的保护接零。

14. 施工现场配电箱要有防雨措施，门锁齐全，有色标，统一编号。开关箱要做到一机一闸一漏一箱，箱内无杂物；开关箱、配电箱内严禁动力、照明混用；要有检修记录及记录本。

## 二、电焊工安全操作技术基本要求

1. 操作者必须经过电焊工专业技术培训，熟悉电焊机性能及操作技术，持有上岗证方可上岗操作。

2.开始焊接之前，必须穿戴整齐电焊安全防护用具，检查焊机的输入、输出接线是否正确，外壳是否接地，其电源的装拆应由电工进行。

3.通电后，注意检查电焊把线、电缆和电源线的绝缘是否良好，如有破损，必须修理或更换。切断电源之前，严禁碰触焊机的带电部分，工作完毕或临时离开现场，必须切断电源。

4.电焊机二次侧必须有空载降压保护器或触电保护器。

5.焊钳与把线必须绝缘良好、连接牢固，更换焊条应戴手套。在潮湿地点工作，应站在绝缘胶板或木板上。

6.严禁在带压力的容器或管道上施焊，焊接带电的设备必须先切断电源。

7.焊接储存过易燃、易爆、有毒物品的容器或管道前，必须把容器或管道清理干净，并将所有孔盖打开。

8.把线、地线禁止与钢丝绳接触，更不得用钢丝绳或机电设备代替零线；所有地线接头，必须连接牢固。

9.清除焊渣，采用电弧气割清根时，应戴防护眼镜或面罩，防止铁渣飞溅伤人。

10.雷雨天时，应停止露天焊接作业。

11.施焊场地周围应清除易燃、易爆物品或进行覆盖、隔离。

12.严禁利用厂房的金属结构、管道、轨道或其他金属搭接起

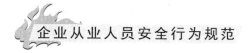

来作为导线使用。

13. 工作结束，应切断电焊机电源，并检查操作地点，确认无起火危险后，方可离开。

14、在特殊危险场所及高空作业电焊时，操作者必须系好安全带，应做好一切防范措施，并应设有专人监护。

### 三、气焊割工安全操作技术基本要求

1. 气焊工必须经过有关部门安全技术培训，取得特种作业操作证后，方可独立上岗操作；明火作业必须履行审批手续。

2. 施焊场地周围应清除易燃、易爆物品或进行覆盖、隔离。

3. 氧气瓶、乙炔瓶必须按照《气瓶安全监察规程》的规定，严格进行技术检验，合格后方能使用。如果超出有效期，不得使用。应远离高温、明火和熔融金属飞溅物 10 m 以上，氧气瓶避免直接受热。

4. 氧气瓶、氧气表及焊割工具上，严禁沾染油脂。

5. 氧气瓶、乙炔瓶应有防震胶圈，旋紧安全帽，避免碰撞和剧

烈震动，并防止暴晒。冻结时应用热水加热，不准用火烤。氧气瓶、乙炔瓶必须按规定单独摆放，使用时确保两者间的安全距离。

6. 点火时，焊枪口不准对着人，正在燃烧的焊枪不得放在工件或地面上。

7. 不得手持连接胶管的焊枪爬梯、登高。

8. 严禁在带压的容器或管道上焊、割，焊接带电设备时必须切断电源。

9. 在储存过易燃、易爆及有毒物品的容器或管道上焊、割时，应先把容器或管道清理干净，并将所有的孔、口打开。

10. 严禁在油漆未干的工件上切割。严禁切割油桶、油漆桶等易燃气体桶类。

11. 工作完毕，应将氧气瓶、乙炔瓶的气阀关好。氧气瓶应拧上安全罩。检查操作场地，确认无着火危险，方准离开。

## 四、油漆工操作规定

1. 油漆工的作业场所严禁存放易燃等物品，工作场地不准吸烟和进行焊接等一切明火作业，操作者必须熟悉附近灭火器的位置及其使用方法。

2. 无论是喷油漆作业还是刷油漆作业，都严禁踏在喷刷漆未干的物件上，以防滑倒。

3. 工作时使用的梯子、跳板必须坚实，要有防滑措施，否则不准使用。

4. 油漆涂料凝结时，不准用火烤。

5. 两人在同一物件上作业时，应互相协作，防止碰撞。

6. 在离地 2 m 以上高处作业时，应系好安全带，并把安全绳拴在可靠的安全地点。

7. 刷油漆，应通风良好，并使用必要的防护用品。

8. 油漆原料、稀释剂，应专人妥善保管，注意防火。

9. 油纱一定要放在桶内，及时处理，不得乱抛。

10. 在室内或容器内喷涂，要保持通风良好，喷漆作业周围不准有火种。在喷漆作业场所 10 m 以内严禁明火作业。

11. 操作打光除毛刺时要带口罩或防护眼镜，使用手提砂轮时必须有防护罩。

## 五、钳工操作规定

1. 使用锉刀、刮刀、扁铲等工具，不可用力过猛，錾子、扁铲有卷边或裂纹，不得使用，顶部有油污要及时清除。

2. 使用手锤不准戴手套，锤柄、锤头不得有油污。

3. 使用钢锯，工件夹牢，用力要均匀，工件将锯断时，要用手或支架托住。

4. 使用活扳手，扳口尺寸应与螺帽尺寸相符，不应在手柄上加套管，高空操作使用扳手如用活扳手，要用绳子系牢，人要系好安全带。

5. 使用台虎钳，钳把不得用套管加力或用手锤敲打，所夹工件不得超过钳口最大行程的三分之一。

6. 拆卸设备部件，应放置稳固，装配时，严禁用手插入连接面或探摸螺孔，取放垫铁时，手指应放在垫铁的两侧。

7. 在倒链吊起的部件下检修、组装时，应将链子打结保险，并必须用道木或支架等垫稳。

## 六、普通安装工操作规定

1. 现场安装人员要熟悉有关安装工艺，严格遵守安全操作规程，在操作中听从指挥，服从安排，坚守岗位，不违章作业，并严禁酒后作业。

2. 正确使用个人防护用品和安全防护措施，进入施工现场必须正确佩戴安全帽，禁止施工现场穿拖鞋或光脚。

3. 在没有防护设施的高空、悬崖和陡坡施工，必须按规定系好安全带。

4. 高空作业对，不得穿硬底和带钉、易滑鞋，不得往下抛掷物料。

5. 在施工现场行走要注意安全，对各种防护装置、防护设施、警告牌、安全标志等不得任意拆除和随意挪动，必须拆除和挪动要经工程负责人同意。

6. 要集中精力施工，不得因其他事情而影响情绪、分散注意力，要时刻绷紧施工安全这根"弦"，做到"我不伤害自己，我不伤害他人，我不被别人伤害"的"三不伤害"原则，确保安全施工。

7. 使用电动工具时，检查电缆线是否破损，如有破损即更换；使用时严禁手或身体其他部位接触转动部位，以免伤人。

8. 上部安装工件时，严禁下面有人，以免工具、工件掉下伤人。

9. 使用各种工具时，操作者必须把身体的重心把稳，以免工具打滑时摔倒伤人。

10. 经常检查使用中的电动工具等的电缆线、气管是否破损，如损坏即更换，防止事故发生。

11. 工具使用中轻拿轻放，放置合理，便于工作，工件堆放整齐，保持通道畅通、无堆放物。

12. 保持工作区内环境卫生，尽量达到无尘区生产。

## 七、车床的保养及安全技术操作规程

1. 班前应使电动机空转1分钟，使润滑油散布至各处，随后主轴慢速转动5分钟，检查各传动系统是否正常。

2. 在润滑点注入干净的润滑油，每天按该设备规定局部点按时加油。

3. 经常注意床头箱油标是否有油，确保床头箱及进给箱有足够的润滑油。各箱中的润滑油不得低于各油标中心，否则会因润滑不良而损坏机床。

4. 定期检查并调整三角胶带的松紧程度。

5. 床头箱手柄只许在停车时扳动。

6. 进给箱手柄只许在低速或停车时扳动。

7. 起动前检查各手柄位置是否正确。

8. 为保证床面道轨精度，必须保持道轨面清洁，经常加油，严禁道轨面上堆放工具和杂物。

9. 装卸工件或离开机床时必

须停止电机转动。

10. 班后要擦洗，保养加油，下班后切断电源。

11. 操作时严禁戴手套工作，长袖工作衣袖口必须扣紧，严禁长发者操作机床，操作时必须戴工作帽和防护眼镜。

12. 严禁在旋转车床上用没有手柄的锉刀、三角刮刀。

13. 严禁用手去拉车屑，必须用铁钩扎或钢丝钳清理车屑。

14. 用砂轮机磨刀具，允许戴手套及防护眼镜。

15. 保持机床周围的环境卫生，工件堆放整齐，通道上不准堆放工件及杂物。

## 八、砂轮机的保养及安全技术操作规程

1. 砂轮机轴承按规定一年调换一次润滑脂。

2. 更换砂轮要求：

（1）检查砂轮有无裂纹，轻击砂轮有无杂音，确认正常才能安装使用。

（2）安装砂轮片，必须调整平面的摆动，调整后夹紧螺母，装上防护罩。

（3）新砂轮片安装后，需电源开关间隔慢速起动 5 分钟，认为正常再全起动 10 分钟，安装操作者在新砂轮开机时严禁站立在砂轮片正面，必须站立在砂轮机两边，以防新砂轮运转爆裂产生人身伤害事故发生。

（4）新砂轮试车前，砂轮机正面前方向如有人员必须清场。

（5）新砂轮片试车 15 分钟后，确认正常后修整砂轮片外径，待修整后砂轮机无跳动后方能使用。

3. 严禁砂轮机上磨超过长度 500 mm 的工件，及超重量 3 kg 以上工件。

4. 严禁砂轮机上磨薄铁皮和铝、铜材料工件。

5. 砂轮机无防护罩不能开车使用。

6. 砂轮机上操作必须戴手套和防护眼镜（5 mm 以下钻头可以不戴手套）。

7. 磨削工件时不准用力过大，以防事故发生。

8. 班后清洗砂轮机及周围环境卫生，切断电源总闸。

## 九、手拉葫芦的安全使用

1. 操作前必须详细检查各个部件和零件，包括链条的每个链环，情况良好时方可使用。

2. 使用中不得超载。

3. 起重链条要求垂直悬挂重物。链条各个链环间不得有错钮。

4. 拉动手拉链时，必须使拉链方向与手拉链轮处于同一平面。

5. 严禁斜拉，以防卡链。

6. 拉动时必须用力平稳，以免跳链或卡链。当发现拉动困难时，要及时检查原因，不得硬拉，更不许增人加力，以免拉断链条或销子。

7.使用三角架时，三脚必须保持相对间距，两脚间应用绳索联系，当联系绳索置于地面时，要注意防止将作业人员绊倒。

8.起重高度不得超过标准值，以防链条拉断销子，造成事故。

## 十、中小机械操作规定

1.手电钻

（1）手电钻的电源线不得破皮、漏电，使用时应戴绝缘手套。

（2）操作时，应先启动后接触工件，钻薄工件要垫平垫实，钻斜孔要防止滑钻。

2.千斤顶

（1）操作时，千斤顶应放在平整坚实的地方，并用垫木垫平。

（2）丝杆、螺母如有裂纹，禁止使用。

（3）使用油压千斤顶，禁止站在保险塞对面，并不准超载。

（4）千斤顶提升最大工作行程，不应超过丝杆或齿条全长的75%。

（5）千斤顶的顶重能力，不得小于设备的重量，几台千斤顶联合使用时， 每台的顶重能力不得小于其计算应承担载荷的1.2倍，避免因不同步造成个别千斤顶因超负荷而损坏。

（6）载荷应与千斤顶轴线一致，在作业过程中，严防发生千斤顶偏歪的现象。

（7）千斤顶的顶头或钩脚与设备的金属面或混凝土光滑面接触时，应垫以硬木块，防止滑动。

（8）几台千斤顶抬起一件大型设备时，起和落时均应细心谨慎，保持起、落平稳。

# 第三节 事故预防的原则

## 一、可能预防的原则

人灾的特点和天灾不同，要想防止发生人灾，应立足于防患于未然。原则上来讲人灾都是能够预防的。因而，对人灾不能只考虑发生后的对策，必须进一步考虑发生之前的对策。安全原理学中把预防灾害于未然作为重点，正是基于灾害是可能预防的这一基点上。但是，实际上要预防全部人灾是很困难的。不仅必须对物的方面的原因，而且必须对人的方面的原因进行探讨。归根结底，必须坚持人灾可能预防的原则，必须把防患于未然作为安全管理工作的目标。

在事故原因的调查报告中，常常见到记载事故原因是不可抗拒的。所谓不可抗拒，是认为在当时、当地的具体情况下，对于受害者本人来说不能避免的意思。如果站在防止这个事故再次发生的立场考虑，应该不是不可抗拒的。通过实施有效的对策，可以做到防患于未然。

过去的事故对策中多倾向于采取事后对策。例如针对火灾、爆炸的对策有：建筑物的防火结构，限制危险物储存数量、安全距离、防爆墙、防液堤等，以便减少事故发生时的损害；设置火灾报警器、灭火器、灭火设备等以便早期发现、扑灭火灾；设立避难设施、急救设施等以便在灾害已经扩大之后作紧急处置。即使这些事后对策完全实施，也不一定能够使火灾和爆炸防患于未然。为了防止火灾和爆炸，妥善管理发生源和危险物质是必须的，而且通过这些管理方式是可能预防火灾、爆炸的发生的。当然为防备万一，采取充分的事后对策也是必要的。

总之，作为人为灾害的对策应该是防患于未然的对策比事故后处置更为重要。安全管理的重点应放在事故前的对策上，这也体现了"安全第一，预防为主，综合治理"的方针。

## 二、偶然损失的原则

分析灾害这个词的概念，包含着意外事故及由此而产生的损失这两层意思。

一般把造成人的伤亡、伤害的事故称为人身事故，造成物的损失的事故称为物的事故。

人身事故可分为以下几类：

1. 由于人的动作所引起的事故。例如，绊倒、高空坠落、人和物相撞、人体扭转；生产中的错误操作等。

2. 由于物的运动引起的事故。例如，人受飞来物体打击、重物挤压、旋转物夹持、车辆压撞等。

3. 由于接触或吸收引起的事故。例如，接触带电导线而触电，接触高温或低温物体，受到放射线辐射，吸入或接触有毒、有害物质等。

这些人身事故的结果，在人体的局部或全身引起骨折、脱臼、创伤、电击伤害，烧伤、冻伤、化学伤害、中毒、窒息、放射性伤害等疾病或伤害，有时造成死亡。

对于人的事故，有海因里希法则，例如跌倒这样的事故，如反复发生，将会遵守这样的比率：无伤害300次，轻伤29次，重伤1次。这就是众所周知的"1∶29∶300"法则。这个比率是学者海因里希从很多伤害事故统计数字中总结出来的。

实际上随事故种类的不同而不同，例如坠落、触电等事故的重伤比例非常高。因此，这个法则并不只是数学比率的意义，而是意味着事故与伤害程度之间存在着偶然性的概率关系。因而，事故和损失之间有下列关系："一个事故的后果产生的损失大小或损失种类由偶然性决定。"反复发生的各种事故常常并不一定产生相同的损失。

也有在事故发生时完全不伴有损失的情况，这种事故被称为险肇事件。

但是，即便是像这种避免了损失的危险事件，如再发生，会产生多大损失，只能由偶然性决定而不能预测。因此，为了防止发生大的损失，唯一的办法是防止事故的再次发生。因而可以说，事后不管有无损失，作为防止灾害的根本的、重要的工作是防患于未然，因为如果完全防止了事故，其结果就避免了损失。

灾害是由事故及其损失两部分构成，同样的事故其损失是偶然的。

### 三、继发原因的原则

如前所述，防止灾害的重点是必须防止发生事故。事故之所以发生，是有它的必然原因的。也就是说，事故的发生与其原因有着必然的因果关系。事故与原因是必然的关系，事故与损失是偶然的关系。

一般来说，事故原因可分为直接原因和间接原因两种。

直接原因又称一次原因，是在时间上最接近事故发生的原因，通常又可进一步分为两类：物的原因和人的原因。物的原因是指由于设备、环境不良所引起；人的原因是指由人的不安全行为引起的。

事故的间接原因有五类：技术的原因、教育的原因、身体的原因、精神的原因和管理的原因。一般来说，调查事故发生的原因，不外乎上述五个间接原因中的某一个，或者某两个以上的原因同时存在。

如果引发事故的原因没有从根本上消除，那么，类似的事故就会重复、多次发生。

## 四、选择对策的原则

技术对策、教育对策和管理对策被公认为是防止事故的三根支柱。通过运用这三根支柱，能够取得防止事故的效果。如果仅片面强调其中任何一根支柱，例如强调法规，是不能得到满意的效果的。它一定要伴随技术和教育的进步才能发挥作用，而且改进顺序应该是技术、教育、法规。只有在安全与预防事故的技术措施充实之后，才能提高安全教育效果；而安全技术与安全教育充实后，才能实行合理的法律、法规。否则，任何安全法规只能停留在纸面上。

### 1. 技术对策

技术对策和安全工程学的对策是不可分割的。当设计机械装置或工程以及建设工厂时，要认真地研究、讨论潜在危险之所在，预测发生危险的可能性，从技术上解决防止这些危险的对策。为了实施这样根本的技术对策，应该知道所有有关的化学物质、材料、机械装置和设施，了解其危险性质、构造及其控制的具体方法。为此，不仅有必要归纳整理各种已知的资料，而且要测定性质未知的有关物质的各种危险性质。为了得到机械装置的安全设计所需要的其他资料，还要反复进行各种实验研究，以收集有关防止事故的资料。而且，这样已经实施了安全设计的机械装置或设施，还要应用检查和保养技术，确实保障安全计划的实现。

### 2. 教育对策

安全教育包括安全意识教育、安全知识教育及安全操作技能教育等方面。

作为教育的对策，不仅在产业部门，而且在教育机关组织的各种学校，同样有必要实施安全教育和训练。安全教育应当尽可能从幼年时期就开始，从小就灌输对安全的良好意识和习惯，还应该在中学及高等学校中，通过化学试验、运动竞赛、远足旅行、骑自行车、驾驶汽车等实行具体的安全教育和训练。作为专门教育机构的高等工程技术学校，对将来担任技术工作的学生，更应该按照具体的业务内容，进行安全技术及管理方法的教育。而安全操作技能的教育一般由专业技术培训机构完成。

安全教育应不断重复、多次强化，并注重教育的科学性、系统性和有效性。

### 3. 管理的对策

管理对策是依据国家法律规定的各种标准，学术团体、行业的安全指令和规范、操作规程以及企业、工厂内部的生产、工作标准等，对生产及运营进行安全管理。一般把强制执行的叫作指令性标准，劝告性的非强制的标准叫作推荐标准。法规必须具有强制性、原则性和适用性：如果规定过于详细，就很难把所有可能的情况都包含在里面，势必妨碍法规的执行。当然除指令式法规外，还可以通过制定行业、地方标准将国家标准具体化。

管理的对策一般包括安全审查，可行性研究、初步设计、竣工验收，安全检查，安全评价，辨识危害、评价风险、提出风险控制，安全目标管理等。

选择防止事故的对策时，如果没有选择最恰当的对策，效果就不会好；而最适当的对策是在原因分析的基础上得出来的。

# 第四节　事故预防模式

## 一、事故预防的原则

事故预防应当明确事故可以预防，能把事故消除在发生之前的基本原则：

  1.“事故可以预防”的原则；

  2.“防患于未然”原则；

  3.“对于事故的可能原因必须予以根除”原则；

  4.“全面治理”原则。

## 二、事故预防模式

事故预防的模式分为事后型模式和预期型模式两种。

1.事后型形式。这是一种被动的对策，即在事故或灾难发生后进行整改，以避免同类事故再发生的一种对策。这种对策模式遵循如下技术步骤：事故或灾难发生——调查原因——分析主要原因——提出整改对策——实施对策——进行评价——新的对策。

2.预期型模式。这是一种主动、积极地预防事故或灾难发生的对策。显然是现代安全管理和减灾对策的重要方法和模式。其基本的技术步骤是：提出安全或减灾目标——分析存在的问题——找出主要问题——制定实施方案——落实方案——评价——新的目标。

### 三、事故的一般规律分析

事故的发生是完全具有客观规律性的。通过人们长期的研究和分析，安全专业人员已总结出了很多事故理论，如事故致因理论事故、事故模型、事故统计学规律等。事故的最基本特性就是因果性、随机性、潜伏性和可预防性。

1. 因果性。事故的因果性是指事故由相互联系的多种因素共同作用的结果，引起事故的原因是多方面的，在伤亡事故调查分析过程中，应弄清楚事故发生的因果关系，找到事故发生的主要原因，才能对症下药。

2. 随机性。事故的随机性是指事故发生的时间、地点、事故后果的严重性是偶然的。这说明事故的预防具有一定的难度。但是，事故这种随机性在一定范畴内也遵循统计规律。从事故的统计资料中可以找到事故发生的规律性。因而，事故统计分析对制定正确的预防措施有重大的意义。

3. 潜伏性。表面上事故是一种突发事件。但是事故发生之前有一段潜伏期。在事故发生前，人、机、环境系统所处的这种状态是不稳定的，也就是说系统存在着事故隐患，具有危险性。如果这时有一触发因素出现，就会导致事故的发生。在工业生产活动中，企业较长时间内未发生事故，如麻痹大意，就是忽视了事故的潜伏性，这是工业生产中的思想隐患，是应予克服的。

4. 可预防性。现代工业生产系统是人造系统，这种客观实际给预防事故提供了基本的前提。所以说，任何事故从理论和客观上来讲，都是可预防的。认识这一特性，对坚定信念，防止事故发生有促进作用。因此，人类应该通过各种合理的对策和努力，从根本上消除事故发生的隐患，把工业事故的发生降低到最小程度。

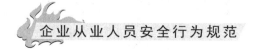

### 四、一般的事故预防措施

从宏观的角度，对于意外事故的预防原理称为"三E对策"，即事故的预防具有三大预防技术和方法。

1. 工程技术对策：即采用安全可靠性高的生产工艺，采用安全技术、安全设施、安全检测等安全工程技术方法，提高生产过程的本质安全化。

2. 安全教育对策：即采用各种有效的安全教育措施，提高员工的安全素质。

3. 安全管理对策：即采用各种管理对策，协调人、机、环境的关系，提高生产系统的整体安全性。

### 五、处理事故的"四不放过原则"

即发生事故后，要做到事故原因没查清，当事人未受到教育，整改措施未落实，事故责任者未追究，四不放过。

# 第五节　安全培训的重要性

安全存在于社会各行各业、各个环节之中。对我们身处生产一线的职工来说，安全不仅属于企业也属于社会、属于家庭、属于自己。安全是生命线，是生产永恒的主题，安全不仅影响着企业本身的生产效率和经济效益，也对社会政治和经济造成重大影响。

### 1. 搞好安全教育培训就是保证职工自觉地按客观规律办事

职工的安全教育是保证生产安全的关键，只有职工在安全意识上从一种本能的反应上升到在主观上去认识生产的客观规律、去阻止和预防安全事故的发生，主观认识到安全的重要性，才能真正抓好生产安全，因此安全教育是必不可少的一部分。

要想做好安全教育就得从职工思想入手，在对安全的认识上，有两种看法：一种人认为事故发生是必然现象，只要火车一动，就必然有事故发生，事故是不可避免的。这种看法是把安全与生产对立起来，看不到安全对生产的促进作用，认为安全生产的规律是不可认识、不能把握的；另一种人的看法是认为发生事故是偶然现象，事故是可以认识的，在正常情况下，事故是可以避

免的。从哲学的因果关系来看，事物有偶然性和必然性。偶然性是指在同样的条件下，某种现象可能发生，也可能不发生，可能这样发生，也可能那样发生的趋势，必然性是指在一定条件下，某种现象必然发生，且合乎规律、不可避免的趋势。凭经验和直觉了解生产过程中的安全问题，是很不够的。

而能事先预测到发生事故的可能性，掌握事故发生的规律，作出定性和定量的分析和评价，并根据评价结果提出相应的措施，防止和消除事故的发生，确保安全生产，这就需要职工从思想认识来做保证。只有对职工做好安全教育，提高职工对安全管理的重视和认识程度，才能真正确保安全。

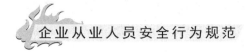

**2. 搞好安全教育培训是保护职工生存权的重要措施**

安全管理，就是按照安全生产的客观规律，通过提高职工队伍素质，提高执行规章制度的自觉性，改善劳动条件，最有效地调动劳动安全生产的积极性，实现安全生产，达到杜绝事故和减少事故，减少和减轻对职工的伤害，保护劳动者的健康和安全。因此，抓好安全教育是保护职工生存权的重要措施。

**3. 搞好职工的安全教育培训是保证安全不可缺少的重要手段**

职工有安全教育培训，可以说从开始就有它的存在，有安全就有效益。实践证明再好再新的设备，只要使用者不认真照样会发生事故。相反，我们的设备虽然落后一点，只要狠抓管理，加强维护工作，保证设备处于良好状态，就有可能避免重大事故的发生。再有一点就是职工的安全意识、职业责任、劳动纪律、技术作业标准、群体安全和生产过程中的自控、互控、他控都要靠人的控制能力去体现或完成。搞好安全管理的目的，就要充分体现"安全生产"是最现实的生产力，是最有效的挖潜扩能，因此，安全教育是保证安全生产不可缺少的重要手段。

**4. 安全意识和对安全的可控能力是生产安全的重要因素**

人的意识影响人的行为，安全意识只是一种安全愿望，职工要实现这种愿望，必须通过以自身的安全素质和技能为支撑的行为去实现。故此，应通过各种途径与渠道，大力开展职工安全知识技能的教育培训，切实提高职工在劳动作业过程中对安全的可控能力。

# 第六节　安全常识篇

安全色与安全标志是为了防止事故的发生，用形象而醒目的信息语言向人们提供了表达禁止、警告、指令、提示等信息。

## 1. 安全色

我国规定了红、蓝、黄、绿四种颜色为安全色，其含义和用途为：

（1）红色的含义为禁止、停止，主要用于禁止标志、停止信号，如机器、车辆上的紧急停止手柄或按钮以及禁止人们触动的部位。红色也表示防火。

（2）蓝色的含义为指令必须遵守的规定，主要用于指令标志，如必须佩戴个人防护用具、道路指引车辆和行人行走方向的指令。

（3）黄色的含义为警告注意，主要用于警告标志、警戒标志，如厂内危险机器和坑池周围的警戒线、行车道中线、机械齿轮箱的部位、安全帽等。

（4）绿色的含义为提示安全状态通行，主要用于提示标志，车间内的安全通道、行人和车辆通行标志、消防设备和其他安全防护装置的位置。

## 2. 安全标志

安全标志是由安全色、几何图形和图形符号所构成，用于表达特定的安全信息。其目的是引起人们对不安全因素的注意，预防发生事故。但其不能代替安全操作规程和防护措施。其不包括航空、海运及内河航运上的标志。

安全标志分为禁止标志、警告标志、指令标志和提示标志四类。

（1）禁止标志的含义是不准或制止人们的某种行动。其几何图形为带斜杠的圆环，斜杠和圆环为红色，图形符号为黑色，其背景为白色。

（2）警告标志的含义是使人们注意可能发生的危险。其几何

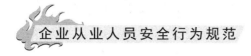

图形是正三角形。三角形的边框和图形符号为黑色，其背景色为黄色。

（3）指令标志的含义是告诉人们必须遵守某项规定，其几何图形是圆形，其背景是具有指令意义的蓝色，图形符号为白色。

（4）提示标志的含义是向人们指示目标和方向，其几何图形是长方形，底色为绿色，图形符号及文字为白色。但是消防的7个提示标志，其底色为红色，图形符号及文字为白色。

# 第七章

# 常见事故预防知识

# 第一节　触电事故预防措施

1.电气操作属特种作业，操作人员必须经专门培训考试合格，持证上岗。

2.车间内的电气设备，不得随便乱动。如果电气设备出了故障，应请电工修理，不得擅自修理，更不得带故障运行。

3.经常接触和使用的配电箱、配电板、闸刀开关、按钮开关、插座、插销以及导线等，必须保持完好、安全，不得有破损或将带电部分裸露出来。

4.在操作闸刀开关、磁力开关时，必须将盖盖好。

5.电气设备的外壳应按有关安全规程进行防护性接地或接零。

6.使用手电钻、电砂轮等手用电动工具时，必须安设漏电保护器，同时工具的金属外壳应防护接地或接零；若使用单相手用电动工具时，其导线、插销、插座应符合单相三眼的要求；使用三相的手动电动工作，其导线、插销、插座应符合三相四眼的要求；操作时应戴好绝缘手套和站在绝缘板上；不得将工件等重物压在导线上，以防止轧断导线发生触电。

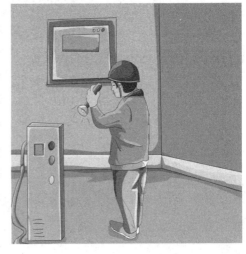

7.使用的行灯要有良

好的绝缘手柄和金属护罩。

8. 在进行电气作业时，要严格遵守安全操作规程，切不可盲目乱动。

9. 一般禁止使用临时线。必须使用时，应经过安技部门批准，并采取安全防范措施，要按规定时间拆除。

10. 进行容易产生静电火灾、爆炸事故的操作时（如使用汽油洗涤零件、擦拭金属板材等）必须有良好的接地装置，及时消除聚集的静电。

11. 移动某些非固定安装的电气设备，如电风扇、照明灯、电焊机等，必须先切断电源。

12. 在雷雨天，不可走近高压电杆、铁塔、避雷针的接地导线20 m以内，以免发生跨步电压触电。

13. 发生电气火灾时，应立即切断电源，用二氧化碳、四氯化碳等灭火器材灭火。切不可用水或泡沫灭火器灭火，因为它们有导电的危险。

14. 打扫卫生，擦拭设备时，严禁用水冲洗或用湿布去擦拭电气设备，以防发生短路和触电事故。

15. 对电气设备进行维修时，一定要切断电源，并在明显处放置"线路检修，禁止合闸"的警示牌。

# 第二节　机械事故预防措施

1. 机械设备应根据有关的安全要求，装设合理、可靠，不影响操作的安全装置。

2. 机械设备的零、部件的强度、刚度应符合安全要求，安装应牢固。

3. 供电的导线必须正确安装，不得有任何破损和漏电的地方。

4. 电机绝缘应良好，其接线板应有盖板防护。

5. 开关、按钮等应完好无损，其带电部分不得裸露在外。

6. 局部照明应采用安全电压，禁止使用 110 V 或 220 V 的电压。

7. 重要的手柄应有可靠的定位及锁紧装置。同轴手柄应有明显的长短差别。

8. 手轮在机动时应能与转轴脱开。

9. 脚踏开关应有防护罩或藏入机身的凹入部分。

10. 操作人员应按规定穿戴好个人防护用品，机械加工严禁戴手套进行操作。

11. 操作前应对机械设备进行安全检查，先空车运转，确认正常后，再投入运行。

12. 机械设备严禁带故障运行。

13. 不准随意拆除机械设备的安全装置。

14. 机械设备使用的刀具、工夹具以及加工的零件等要装卡牢固，不得松动。

15. 机械设备在运转时，严禁用手调整，不得用手测量零件或进行润滑、清扫杂物等。

16. 机械设备运转时，操作者不得离开工作岗位。

17. 工作结束后，应关闭开关，把刀具和工件从工作位置退出，并清理好工作场地，将零件、工具等摆放整齐，保持好机械设备的清洁卫生。

# 第三节　火灾事故预防措施

1. 易燃易爆场所如油库、气瓶站、煤气站和锅炉房等工厂要害部位严禁烟火，人员不得随便进入。

2. 火灾爆炸危险较大的厂房内，应尽量避免明火及焊割作业，最好将检修的设备或管段拆卸到安全地点检修。当必须在原地检修时，必须按照动火的有关规定进行，必要时还需请消防队进行现场监护。

3. 在积存有可燃气体或蒸汽的管沟、下水道、深坑、死角等处附近动火时，必须经处理和检验，确认无火灾危险时，方可按规定动火。

4. 易燃易爆场所必须使用防爆型电气设备，还应做好电气设备的维护保养工作。

5. 易燃易爆场所的操作人员必须穿戴防静电服装鞋帽，严禁穿钉子鞋、化纤衣物进入，操作中严防铁器撞击地面。

6. 对于有静电火花产生的火灾爆炸危险场所，提高环境湿度，可以有效减少静电的危害。

7.可燃物的存放必须与高温器具、设备的表面保持有足够的防火间距，高温表面附近不宜堆放可燃物。

8.应掌握各种灭火器材的使用方法。不能用水扑灭碱金属、金属碳化物、氢化物火灾，因为这些物质遇水后会发生剧烈化学反应，并产生大量可燃气体、释放大量的热，使火灾进一步扩大。

9.不能用水扑灭电气火灾，因为水可以导电，容易发生触电事故；也不能用水扑灭比水轻的油类火灾，因为油浮在水面上，反而容易使火势蔓延。

# 第四节　车辆伤害事故预防措施

1.车辆驾驶人员必须经有资格的培训单位培训并考试合格后方可持证上岗。

2.车辆通过路口时，驾驶人员一定要先望，在没有危险时才能通过。

3.车辆的各种机构零件，必须符合技术规范和安全要求，严禁带故障运行。

4.汽车在出入厂区大门时，时速不得超过 5 km，在厂区道路上行驶，时速不得超过 20 km。

5.装卸货物，不得超载、超高。

6.装载货物的车辆，随车人员应坐在指定的安全地点，不得站在车门踏板上，也不得坐在车厢侧板上或坐在驾驶室顶上。

7.严禁驾驶员酒后驾车、疲劳驾车、争道抢行等违章行为。

8.港区内严禁骑自行车、电单车等非机动车辆。

# 第五节　救护与自救知识

## 一、触电急救

1. 如果触电地点附近有电源开关或电源插销，可立即拉开开关或拔出插销，以断开电源。应注意拉线开关和平开关一般只控制一根线，如错误地安装在工作零线上，则断开开关只能切断负荷而不能切断电源。

2. 如果触电地点附近没有电源开关或电源插销，可用有绝缘柄的电工钳或用有干燥木柄的斧头等切断电线，或用干木板等绝缘物插入触电者身下，以隔断电流。

3. 当电线搭落在触电者身上或被压在身下时，可用干燥的衣服、手套、绳索、木板、木棒等绝缘物作为工具，拉开触电者或接开电线，使触电者脱离电源。

4. 如果触电者的衣服是干燥的，又没有紧缠在身上，可以用一只手抓住他的衣服拉离电源。但因触电者的身体是带电的，其鞋的绝缘也可能遭到破坏，救护人不得直接接触触电者的皮肤，也不能抓他的鞋。

5. 如果事故发生在线路上，可以采用抛掷临时接地线使线路短路并接地，迫使速断保护装置动作，切断电

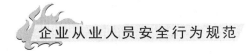

源。注意抛掷临时接地线之前，其接地端必须可靠接地，一旦抛出，立即撒手，抛出的一端不可触及触电人及其他人。

6.设法通知前级停电

选用上列方法时，务必注意高压与低压的差别。例如，拉开高压开关必须佩戴绝缘手套等安全用具，并按照规定的顺序操作。各种方法的选用，应以快为原则，并应注意以下几点：

（1）救护人不可直接用物或其他金属（或潮湿的物件）等导电性物件作为救护工具，而必须使用适当的绝缘工具；救护人最好用一只手操作，以防自己触电；对于高压电路，应注意保持必要的安全距离。

（2）注意防止触电者脱离电源后可能的摔伤，特别是当触电者在高处的情况下，应考虑防摔措施；即使触电者在平地，也应注意触电者倒下的方向，注意防摔。

（3）当事故发生在夜间时，应迅速解决临时照明问题，以利于抢救。

（4）实施紧急停电应考虑到事故扩大的可能性。

7.现场急救方法

（1）如果触电者伤势不重、神志清醒，但有些心慌、四肢发麻、全身无力，或触电者曾一度昏迷，但已清醒过来，应使触电者安静休息，不要走动；注意观察并请医生前来治疗或送往医院。

（2）如果触电者伤势较重，已经失去知觉，但心脏跳动和呼吸尚未中断，应使触电者安静地平卧，保持空气流通；解开其紧身衣服以利呼吸；若天气寒冷，应注意保温；并严密观察，速请医生治疗或送往医院。如果发现触电者呼吸困难、微弱或发生痉挛，应准备心跳或呼吸停止后立即做进一步抢救。

（3）如果触电者伤势严重，呼吸或心脏跳动停止，或二者都

已停止，应立即施行人工
呼吸和胸外挤压急救，
并速请医生治疗或送往
医院。

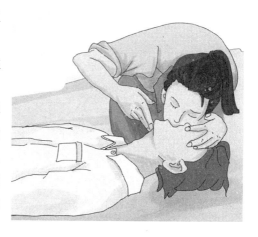

应当注意，急救应尽
快开始，不能等候医生的
到来；在送往医院的途中，
不能中止急救。现场应用
的主要方法是人工呼吸和
胸外心脏挤压法。

人工呼吸法是在触电者呼吸停止后应用的急救方法。各种人工
呼吸法中，以口对口（鼻）人工呼吸法效果最好，而且简单易学，
容易掌握。

施行人工呼吸前，应迅速解开触电者身上妨碍呼吸的衣服，取
出口腔妨碍呼吸的杂物以利呼吸道畅通。

施行口对口（鼻）人工呼吸时，应使触电者仰卧，并使其头部
充分后仰，鼻孔朝上，以利其呼吸道畅通，同时把口张开。口对口
（鼻）人工呼吸法操作步骤如下：

触电者鼻孔（或嘴唇）紧闭，救护人深吸一口气后自触电者的
口（或鼻孔）向内吹气，时间约 2 秒。

吹气完毕立即松开触电者的鼻孔（或嘴唇），同时松开触电者
的口（或鼻孔），让他自行呼气，时间约 3 秒。

一般情况应采用口对口人工呼吸，如果无法使触电者把口张开，
可改用口对鼻人工呼吸法。

胸外心脏挤压法是触电者心脏跳动停止后的急救方法。做胸外
心脏挤压时应使触电者仰在比较坚实的地方，姿式与口对口（鼻）

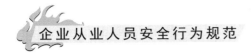

人工呼吸相同。其操作方法如下：

① 救护人位于触电者一侧，两手交叉相叠，手掌根部放置正确的压点，即置于胸骨下 1/3~1/2 处。

② 用力向下，即向脊背方向挤压，压出心脏里的血液；对成人应压陷 3~5 cm，每分钟挤压 60~70 次。

③ 挤压后迅速放松其胸部，让触电者胸部自动复原，心脏充满血液；放松时手掌不必离开触电者的胸部。

应当指出，心脏跳动和呼吸过程是互相联系的。心脏跳动停止了，呼吸也将停止；呼吸停止了，心脏跳动也持续不了多久。一旦呼吸和心脏跳动都停止了，应当同时进行口对口（鼻）人工呼吸和胸外心脏挤压。如果现场仅 1 人抢救，两方法应交替进行：每吹气 2~3 次，再挤压 10~15 次，而且频率适当提高一些，以保证抢救效果。

施行人工呼吸和胸外心脏挤压抢救应坚持不断，切不可轻率中止，运送医院途中也不能中止抢救。在抢救过程中，如发现触电者皮肤由紫变红、瞳孔由大变小，则说明抢救收到了效果；如果发现触电者嘴唇稍有开合，或眼皮活动，或喉头间有咽东西的动作，则应注意触电者的呼吸和心脏跳动是否已经恢复。触电者自己能呼吸时，即可停止人工呼吸。如果人工呼吸停止后，触电者仍不能自己维持呼吸，则应立即再做人工呼吸。

## 二、火灾逃生与救护

怎样报火警？报警时首先拨火警电话 119，向接警人员讲清街路门牌号、单位、着火的部位，什么物品着火，报警用的电话号码和报警人的姓名。

火灾的发生带有偶然性和突发性。面对这种突发的事件，人们常常表现出惊慌、恐惧和不知所措。其实，发生火灾时，我们应该做到沉着冷静，如果起火现场有 3 人或 3 人以上，一般应分工一人负责向"119"台报警，其他人员应密切协作，迅速取出就近的灭火器材进行扑救，并立即把火焰周围的易燃、可燃物品搬移疏散到安全的地方。如果火灾很大需要立刻撤离现场，则需注意以下几点：

1. 首先应该确认避难出口，冷静判断烟雾的趋向和火灾发生的位置，如有两个出口，应选择烟雾少的出口避难；但对于近处的避难出口中，即使浓烟滚滚，也应该屏住气冲出去，此时要尽量避免呼吸烟雾。

2. 当楼梯和走廊烟雾弥漫不能脱险时，首先要关闭门窗。用湿布等堵住烟雾侵袭的间隙，打开朝外的窗户，此时只能利用阳台和建筑物的外部结构来避难。此外，还应将上半身伸出窗外，避开烟雾，等待救助。

3. 从大楼的低层脱险时，可以利用安装牢固的漏水槽、管子等，另外可以用缆绳和树木等。

4. 在人员集中的地点如楼梯、出口等处疏散时，切勿挤作一团，应井然有序地迅速撤离现场。

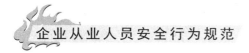

5.在逃生中防御浓烟的基本措施是用浸湿的手帕和毛巾捂住嘴和鼻子，采用低姿或匍匐着离开火场。

6.发生火灾时不能使用电梯，但当发生火灾时，人们已经乘在电梯中，则要立即将电梯停在最近的楼层，迅速跑出去。如果火灾使电器系统发生了故障，电梯停在两层之间，要立即利用电梯内的电话与管理室联系，问明情况后，用手打开门，设法逃往上层或下层的楼面。也可通过电梯间天井的安全出口，逃到上面的楼层去。当电梯处于着火楼层以上时，全体乘客应齐心协力，设法把门打开，逃离险境。

# 第八章

## 企业安全文化

# 第一节 企业安全文化建设的"三要素"

一个单位的安全文化是个人和集体的价值观、态度、能力和行为方式的综合产物，它决定于健康安全管理上的承诺、工作作风和精通程度。安全文化的物化会变成强大的安全生产动力。因此，要提升企业安全管理水平，实现企业长治久安，企业安全文化建设不可或缺。打造优秀、强势的企业安全文化，需要牢牢抓住"转变观念、完善机制、规范行为"三要素。

## 一、转变观念，巩固企业安全文化之源

1. 形成良好的安全文化认知。企业传统的安全管理只注重对"物"的管理，以"事"为中心，只注重监督管理而没有强调"自主管理"。在安全管理工作上，只局限于生产之中，而没有认识到安全问题还渗透在社会生活的各个层面，分布在人类活动的全部空间，体现在自下而上环境的各个领域。加之其管理办法与具体作法的专业性较强，难以被一般人所接受和变成职工的自觉意识和行动。因此，在安全管理过程中，必须探讨企业安全管理的新机制，即塑造一种具有企业特色的安全文化，形成以人为本的管理思想，创造一种文化的气氛，形成职工自觉遵守的安全行为规范，从而形成稳定的安全文化机制，充分发挥其监督、检查、预防的功能，达到长周期安全生产的目的。

2. 加强安全文化宣传。结合公司各个部门自身特点，提炼出富有个性的人性化的警示标语，这些标语牌、警示牌时时处处提醒、

警示人们注意安全。积极拓展宣传阵地，在充分利用板报等传统阵地的同时，利用手机短信、电子邮件等形式，形成全方位、全过程、全覆盖的安全文化建设格局，充分发挥安全文化的渗透力和影响力，达到启发人、教育人、约束人、端正人的安全行为的目的，从根本上为安全生产提供保障。

3. 树立企业安全形象。要始终坚持预防为主、安全第一的观念，安全就是效益、安全也是生产力，大力提倡"四个第一"(安全是企业的第一政治、各级领导的第一责任、企业的第一效益、职工的第一福利)和"四个没有"（没有安全，就没有干部的政治生命；没有安全，就没

有职工的家庭幸福；没有安全，就没有企业的经济效益；没有安全，就没有企业的持续发展）的理念，着眼于实现"人的本质安全"。围绕提升安全理念、人员素质和安全思想境界，不断强化"人本建设"，着力解决好"为什么必须这样干""怎样才能干好""怎样才能安全"的问题。同时在安全管理上，本着一岗两责、齐抓共管的原则，党政工团齐抓共管，实行党政主要领导交叉任职，通过党政互补作用的有效发挥，加强对安全文化建设的领导。

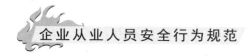

## 二、完善机制，构建企业安全文化之基

健全的制度是安全生产的基础，规章制度的落实是安全生产的保障。兼顾合理性与执行力，建立和完善安全制度，是企业安全文化建设的必然要求。

1. 安全管理机制要强。安全生产是企业的第一责任。要建立起横向到边，纵向到底，高效运作的企业安全管理网络，落实各方面各层次人员安全责任，推行"五大"安全责任网络机制，为生产组织提供坚实可靠的安全保障。

2. 安全检查制度要实。严格检查各级领导安全生产责任制执行情况，督促各级领导自觉地学习《安全生产法》等法律法规，不折不扣地履行好自己的安全职责，在切实抓好各项安全技术措施和安全管理的基础上，多深入班组、深入职工家庭、深入施工现场，养成求真务实的工作作风，做到未雨绸缪，超前预防，在源头上消除安全隐患，避免事故的发生，真正把"五零"即作业现场零隐患，员工操作零违章，班组生产零事故，部门管理零伤害，公司安全零工亡；的安全理念内化在思想上，外化在行动上，不断提升安全生产执行力。

3. 安全奖惩制度要严。要在考核的深度上下功夫，对"三违"者及事故隐患人进行细致帮教和人因分析，对管理人员的"安全绩效"要严格考核考评。鉴于安装部门安全事故易发的严重性，要坚持奖励与惩罚并重，发挥好安全奖惩的激励作用。建立完善安全奖励机制，对提出安全合理化建议、敢抓敢管或举报重大安全隐患的职工进行奖励，对安全先进个人和集体进行表彰。

## 三、规范行为，强化企业安全文化之本

1. 加强职工安全操作技能训练。要对每个岗位人员进行安全操

作标准化培训，经严格考核合格后，持证上岗操作。请具有丰富实际经验的工人技师和操作能手对一些重要的危险性大的岗位、工种进行规范化安全操作表演，强化训练。还可开展安全操作对抗赛、操作表演赛、岗位安全操作技术练兵等形式多样的安全技能训练活动，确保职工安全状态受控。

2.开展事故预案演练工作。建立健全事故预案演练标准化体系，对全公司的事故预案分级别、分类进行清理、审核。并从实战出发，通过现场模拟方式，按应急预案进行。提高职工在紧急事故状态下的应急自救能力，增强职工的劳动保护意识。

推进安全标准化岗位和班组建设。企业安全生产最终要落实到班组，因此，加强班组、岗位的安全标准化作业建设是企业实现安全生产的关键。在推进安全标准化建设的过程中，要始终贯彻"安全第一，预防为主，综合治理"的方针。同时，要提倡班组团队精神的培养，建立团结协作、互相补台的团队，最大限度地弥补人与人之间存在的个体差异，从而获得最大的安全效益。形成积极向上、团结协作，"人人想安全、人人能安全、人人做安全"的团队，最大限度地避免安全事故的发生。

# 第二节　安全文化建设与强化

## 一、安全文化的建设

以人为本。要充分发挥人在企业安全生产的主导地位和能动性，确保各项安全措施的落实，并自觉遵守执行，就必须建设好、使用好安全文化，笔者认为，要重点健全完善以下几个机制：

1.完善安全发展战略指导机制，指明安全文化的方向性。从政府层面上来讲，就是要把安全发展贯穿于经济发展的全过程，把安全生产工作和安全状况等列为推进国家治理体系和治理能力现代化进程中的重要评价指标，突出大力实施安全发展战略的重要性和必要性；从社会层面上来讲，就是把"红线"意识，"底线"思维贯穿于全民的经济社会建设和生产经营活动中，营造人人谈安全，懂安全的社会氛围，让全社会都关注安全，敬畏生命，奠定实施安全发展战略的基础；从企业层面上来讲，就是强化企业安全生产主体责任，始终保持安全生产的高压态势，强基固本，自省、自励、自觉主动地加强安全生产基础建设，切实做到安全投入、安全培训、基础管理、应急救援、隐患排查"五到位"，化解风险，防范事故，这是大力实施安全发展战略的主战场。而要大力实施安全发展战略，安全文化建设起着不可替代的支撑作用。

2.完善安全理念渗透机制，提高安全文化的层次。安全文化能否最大限度得到员工认可认同，很大程度上是企业各种安全理念渗透的效果。各种符合企业安全生产特点的安全理念在挖掘提炼推广渗透之前，只是被企业少数人全面掌握，而要变成全体员工的共识，必须建立健全完善的理念渗透机制和措施。

3.完善安全目标考核和问责机制，提高安全文化的持久性。安全工作是一项长期、复杂、艰巨的工作，又是牵涉面广的系统工程，必须持之以恒，常抓不懈。建立一整套可行的目标考核机制和管理职责，将"决不能以牺牲人的生命为代价"的红

线，列为各级党委和政府必须履行的最高职责。

4.完善安全制度落实机制，提高安全文化的执行力。安全文化的建设，从根本上来讲，就是企业对各种安全制度措施落实能力的建设。严格来讲，员工的行为是靠制度约束的，一个再好的安全制度，员工不执行，干部不监督不落实，就体现不出制度的严肃性。长此以往，员工的不规范行为将养成习惯，这就给事故的发生造成最大的可能。因此，在加强安全制度完善的基础上，强化安全制度落实机制建设是一项重要工作。

5.完善安全文化的宣传机制，营造浓厚的安全生产的社会氛围。其主要目的就是通过营造浓厚的安全文化的社会氛围，提高全民的安全意识，强化企业的自我防护能力，增强安全生产的综合素质，避免重大事故的发生，是预防企业事故的基础性工程，是安全建设的灵魂。

6.完善安全教育培训机制，提高企业的整体素质。员工安全意识、安全素质和安全技能的提高光靠制度管理和约束是远远不够的，还必须建立完善的教育培训机制、采取灵活多样的教育形式，才能达到预期效果。

## 二、强化"红线"意识

习近平总书记指出，接连发生的重特大安全生产事故，造成重大人员伤亡和财产损失，必须引起高度重视。人命关天，发展决不能以牺牲人的生命为代价。这必须作为一条不可逾越的红线。

### 1. 树立安全生产"红线意识"的必要性

强化"红线意识"，是落实"中国梦"具体体现。要遏制安全生产重特大事故发生，必须紧紧抓住企业这个责任主体，通过加强安全管理、加大安全投入、强化技术装备、严格安全监管、严肃责

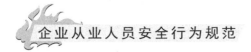

任追究，切实提高企业的安全生产保障能力。坚决落实企业安全生产主体责任，企业必须深化认识、严格履行职责。要看到，只有生产环境安全了，企业的生产经营才能正常继续下去，才有可能持续创造价值和利润

**2.怎样树立安全生产"红线意识"**

强化"红线意识"，要坚决落实岗位责任。安全生产"党政同责，一岗双责，齐抓共管"，只有属地监管单位、职能监管部门、主体责任单位共同坚守"红线"，才能真正撑起安全生产的一片蓝天。要处理好主次关系、分出轻重缓急，把坚守安全生产"红线"摆上突出位置，不断强化"红线意识"。在研究、决策问题和执行企业各项方针政策中，把安全生产"红线"作为一项原则和标准，确保不突破、不降低。在实际工作中要坚守"红线"的责任，层层分解落实到每个岗位和每名员工，构建起覆盖全面的责任网络，以有压力的责任目标促进"红线意识"的不断强化。

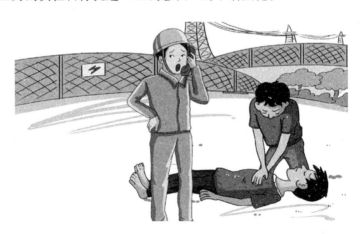

强化"红线意识"，要加强企业宣传教育。安全生产需要社会的关心、理解和支持，需要良好的社会氛围。要向广大职工宣传"红

线意识"，形成全企业的共识，使其逐渐深入人心，变成职工的自觉行为，抵制以牺牲人的生命为代价的发展。要强化坚守"红线"能力的培训，把防范事故发生、杜绝非法违法生产经营行为作为重点，使企业真正认识到位、落实到位。要切实加强对领导干部政绩观和职业操守的培养，矫正急功近利的心态，杜绝麻痹大意的思想，规范安全生产监管行为。

强化"红线意识"，要完善体制机制建设。坚守安全生产"红线"，关键还是要靠好的体制和机制做保障。要积极落实考核评价机制。严格奖惩和责任追究机制。强化企业各部门之间和职工之间的多重监督，坚持正确的社会导向，促进警钟长鸣。

# 第三节　企业安全文化建设的重点与途径

建立良好的企业安全文化是一个长期的过程，它要在对传统的企业安全文化进行调查分析的基础上进行甄别和舍取，再根据时代发展的要求和人们的思想观念进行把握，并且要考虑和企业文化相协调，提炼出明确的安全理念。可通过以下几个途径来加强企业安全文化建设：

### 1. 提高安全认识，领导身体力行

企业安全文化建设的关键是各级领导的安全文化素质和身体力行抓安全的态度。领导者要用自己对安全生产的责任心，确保安全意志和安全价值观，通过言传身教来影响企业的每一名职工，进而通过严格的奖惩实践不断强化安全观念，才能有效地加快企业安全文化建设。对安全生产的规律认识是安全文化建设的前提。现代安全管理理论认为，生产事故的发生虽然有其突发性和偶然性，但事故是可以预测、预防和预控的。"预防为主"是企业安全管理的基

本原则。因此，领导要坚定事故可控的信心。领导者切忌"一阵风"、喊口号，甚至是说起来重要，忙起来不要，事故多发时就着急，安全稳定时就忘了。领导者不仅要旗帜鲜明地表达自己提倡什么，反对什么，更要一以贯之地身体力行，严于律己，敢管善管，尤其要对安全投入不打折扣，处理安全问题不手软，动员一切力量，调动一切资源，搞好安全生产。

## 2. 运用各种手段，营造安全氛围

良好安全文化的形成不是一朝一夕的事情，必须多管齐下，持之以恒，方能见效。对各级领导和广大职工的安全教育是一项长期的工作，必须坚持不懈。第一是法律法规的教育。近年来，国家颁布了《安全生产法》等一系列安全生产的法律法规，要让职工守法，必须先知法，可通过学习、研讨、考试等多种形式，促进法律法规知识的学习。第二是安全技术的学习，要不断调动职工学习技术的积极性，组织职工开展技术研究，搭建技术交流平台，形成学习型企业氛围。第三是通过事故案例教育，对发生的事故及其隐患按照"四不放过"的原则进行处理，对历史的典型事故经常组织讨论，吸取教训，强化意识。第四是运用正负激励的手段如签订安全责任书，并严格奖惩兑现，树立正面典型，激励先进。实行安全一票否

决，落实安全生产责任制。第五是培育"预防管理"的文化氛围。鼓励全体员工主动发现安全隐患，报告安全问题，提出安全建议，防范事故于未然。还可以采取全员安全

承诺，征集安全警句，亲人家属安全寄语等形式多样的安全文化活动，营造浓厚的安全文化氛围。

### 3. 运用有效手段，制止"三违"现象

通过对事故的实例分析，真正是人力不可抗拒的因素而导致的事故，是很少见的，而绝大多数事故都可以找到违章的原因。因此，违章指挥，违章操作，违反劳动纪律（俗称"三违"）是安全管理的大忌，可以说"三违"阴影不除，则事故的幽灵不散。安全文化建设的根本目的是通过人的自觉行为，减少甚至是消除"三违"现象以达到控制事故的目的。真正做到"落实规章制度，严格安全管理"是安全管理工作的重要任务，也是检验安全文化建设成效的标准。

### 4. 处理好几个关系，做实安全文化建设

企业安全文化建设是企业精神文明建设的重要内容，是企业文化建设的重要组成部分，它根植于企业的管理过程，不可能独立存在。要把企业安全文化建设做细、做实，取得实效，必须处理好几个关系：

（1）处理好与企业文化的融合关系。企业安全文化是企业文化的亚文化，必须有良好的企业文化氛围作支撑。如果没有良好的企业文化氛围，安全文化的建设就失去了方向和土壤。因此，在设计和推进安全文化建设时，要和企业的总体价值观相融合，与以人为本和全面、协调、可持续发展的科学发展观相一致。

（2）处理好继承与创新的关系。继承是安全文化建设的基础，创新是安全文化建设的不竭动力。企业在不同的发展阶段，针对工作环境的变化，既要继承优良的安全文化传统，又要适应社会发展要求和职工需要变化，不断创新工作思路，丰富和发展安全文化建设的手段和内容，使安全文化充满生机与活力。

（3）处理好与企业管理的关系。安全文化应该说是安全管理

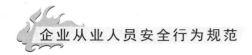
活的灵魂，但它不能代替管理制度。因此，在建设企业安全文化过程中，仍要完善安全管理制度，使制度管理和文化管理相互促进，相得益彰。

（4）处理好与安全设施投入的关系。安全管理是基于安全设施的可靠性之上的管理，必要的安全投入是安全生产的保证，要加大安全投入，消除设备隐患，为职工创造良好的生产生活环境。使职工心情舒畅，乐于接受企业的文化观念和管理手段。

# 第四节　安全意识培育和素质建设

员工安全意识淡薄和安全素质不高是实现安全生产最大的隐患。培育安全意识，提高员工素质，在安全文化建设中尤为重要。安全意识培育和素质建设，就是把企业安全精神文化，包括安全价值观、安全理念、安全规章制度转化职工自觉行为的过程。坚持以人为本，遵循尊重人、理解人、关心人、爱护人的原则，运用宣传教育、培训这两个手段，围绕企业安全生产，通过开展丰富多彩、形式多样的宣传教育活动，不断增强全体员工的安全生产意识，营造安全生产良好氛围，通过不间断的学习和培训，提高非功过员工的安全生产技能，把企业安全管理提升到文化管理的层面，建立安全管理长效机制，为企业安全生产提供强有力的精神动力、思想保证和智力支持。

## 一、工作原则

围绕企业安全生产这一主题，找准切入点，把握着力点，广泛深入地、创造性地开展一系列旨在增强员工安全意识、提高技能素质的工作和活动，是企业安全宣传教育和培训工作的主要内容。根据意识培育和素质建设的本质特点，应遵循以下原则：

人文关怀的原则。关怀呵护是现代社会人际关系最基本的要求，也是人类社会文明进步的体现。正确把握人的本性特征，遵循安全管理的基本规律，实行安全管理人性化、人情化，在工作中注重情理结合，角动心灵深处贵在接受亲和。

防患于未然的原则。从理论上来讲，任何事故都是可以预防的。掌握安全生产的主动权，最高境界就是预防，而提高员工安全意识，增强员工安全素质，就是最有效的预防。要把着力点和立足点放在超前宣传教育上，把思想和素质的保证值提高到最大。

齐抓共管的原则。安全意识培育和素质建设是一项系统工程，需要企业方方面面共同发挥作用，才能收到好的效果。因此，企业党政工团各组织、各部门要各负其责，发挥优势，全面参与，通力合作，开成合力，把提高员工安全意识和素质作为主要工作来抓。

管教结合的原则。管理和教育是两个不同的工作手段。前者的工作对象侧重于事，后者侧重于人。而意识教育和素质建设关键是人。因此，要坚持管理与教育相结合，克服以罚代管、以罚代教的不良现象，两手抓，两手都要硬。

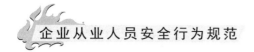

与时俱进的原则。企业安全文化建设随着社会和企业的发展而发展，安全意识教育和素质建设也要随着形势的变化而变化。要在继承优良传统的基础上，总结、提炼特色工作和成功经验，创新工作方法，实现共性和个性、内容和形式的完善结合。

## 二、工作体系

把企业安全文化贯穿于安全管理的全方位，渗透到员工生产和生活的全过程，必须形成党组织管教、行政管长、工会管网、共青团管岗、齐抓共管、全面参与的工作格局。健全完善舆论引导教育体系、党员示范教育体系、现场适时教育体系、业余帮教教育体系、学习培训教育体系、警示提示教育体系。大力弘扬企业安全文化，培养和造就一批安全意识高、安全素质好，懂安全、会安全的员工队伍。

### 1.舆论引导教育体系

广播、电视、报刊等媒体是安全宣传教育的重要阵地，它覆盖面广，辐射力强，影响力大，形象生动，便于接受。因此，要充分发挥宣传媒体主渠道的作用，构建安全文化舆论引导教育体系，积极营造有利于企业安全生产的舆论氛围。

### 2.现场适时教育体系

现场适时教育要深入现场，把握时间，贴近实际，因地制宜，因材施教。构建全方位、全时空、全过程的现场适时教育，就是根据各阶段安全生产的形势和要求，以活动为载体，通过开展一系列员工喜闻乐见、寓教于乐的安全文化活动，让员工在潜移默化中受到熏陶和教育，使安全价值观和核心观念入脑入耳，深入人心。

### 3.业余帮教教育体系

安全宣传教育，在企业安全工作中尽管起着十分重要的作用，但由于种种原因，员工"三违"现象或多或少时有发生。因此，要做好"三违"员工的思想帮教工作，减少和杜绝"三违"现象的发生，必须建立一套党政工团妇全面参与的业余帮教体系，在八小时以外把帮教工作落到实处。

### 4. 学习培训教育体系

建立学习型企业、培养学习型员工是现代企业的发展方向，也是知名企业的成功做法。要做到这点就必须建立一套以公司、矿(厂)脱产培训、轮训为主，以基层业余培训为辅，适合企业安全生产实际，具有可行性和可操作性的员工学习培训教育体系。通过发挥考核和激励机制的作用，充分调动员工学习的积极性和主动性，为企业安全生产提供高素质的人才支持。

## 三、意识教育

安全意识培育就是通过强有力的安宣传教育，培育全体员工的安全生产价值观和行为理念，以规范的思想指导行为，以正确的行为保证安全。伴随着企业用工制度的改革，企业员工结构较为复杂，素质参差不齐，特别是占80％的农民轮换工安全生产意识淡薄。在较短的时间内，迅速提高他们的安全意识，是企业安全文化建设必须解决的一个关键问题。遵循安全意识培育和素质建设的五大工作原则，结合构建五大工作体系要求，提炼以往工作经验，归纳总结为以下六大工作模式。

### 1. 媒体宣传模式

运用广播、电视、报刊等媒体手段，开展多种形式的教育活动，把握正确的舆论引导方向，营造浓郁的安全舆论氛围，培养员工对安全格外关注的人格倾向，以正确的安全舆论引导人。

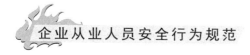

### 2.群众监督模式

紧密结合作业现场安全生产实际，发动和组织员工行使五项权力，人人关心安全生产，个个参与现场管理，开展全面全过程的群众性自我教育和监督检查活动，形成安全生产的群防群治格局，变"要我安全"为"我要安全"，人人争做安全生产的有心人和放心人。

### 3.队组自教模式

队组自教的根本目的就是实现上下互动，培养学习型组织，培育团队精神，最大限度地调动队组搞好安全管理和安全教育的积极性和主动性。

### 4.家属协管模式

安全宣传教育是一项系统工程。必须动员矿区方方面面的力量，广泛参与、协调。要动员、组织员工家属关注企业、关注安全、关爱亲人，把企业安全文化的理念渗透到员工的家庭生活中。从做好身边亲人的宣传服务入手，把亲情、友情、邻里情融入宣传教育中，使工作更具人情味，把安全教育从单位延伸到家庭，从八小时以内延伸到八小时以外，不断拓宽安全宣传教育渠道，筑起安全的第二道防线。

## 四、安全素质建设

当代企业不仅是一个生产经营型组织，更是一所锻炼人、培养人的大学校。所谓建立学习型企业，培养学习型员工，就是让员工在企业这所大学校中，学习一切可以学习的人，学习一切可以学习的事，学习一切可以学习的知识，不断提高自身素质，为企业安全生产服务。市场竞争、产品竞争、质量竞争、技术竞争归根结底是人才的竞争，人的因素决定一切。企业要想求得高素质的人才，途径无非有两条：一是广泛吸收容纳那些企业所需，人才所具，高素质的人才；二是通过企业内部培训教育，提高现在员工的业务技术素质。而后者更具现实性、更有针对性，更符合企业与员工两者的根本利益。围绕安全生产这一中心，加强和规范员工职业安全技术技能的培训教育，全面提高

员工安全技术素质，是企业安全文化建设的重要内容。企业各级管理者和职教部门，应下大功夫着力抓好此项工作。

安全行为规范是在安全价值理念指导下，对人们在生产过程中的安全行为准则、思维方式、行为模式表现的要求。通俗地讲，就是让企业员工在安全生常中知道应该怎么做，不应该怎么做。安全行为规范建设的目的就是进行人本管理，把员工从自然人中解放出来，成为企业的主人，让安全质量标准化、安全管理明细化的理念渗透到员工的头脑中，从表面接触递进为理性理解，由理性理解升华为责任意识和行为规范，并转变为自觉行动。

# 附录　用人单位劳动防护用品管理规范

## 第一章　总则

**第一条**　为规范用人单位劳动防护用品的使用和管理，保障劳动者安全健康及相关权益，根据《中华人民共和国安全生产法》《中华人民共和国职业病防治法》等法律、行政法规和规章，制定本规范。

**第二条**　本规范适用于中华人民共和国境内企业、事业单位和个体经济组织等用人单位的劳动防护用品管理工作。

**第三条**　本规范所称的劳动防护用品，是指由用人单位为劳动者配备的，使其在劳动过程中免遭或者减轻事故伤害及职业病危害的个体防护装备。

**第四条**　劳动防护用品是由用人单位提供的，保障劳动者安全与健康的辅助性、预防性措施，不得以劳动防护用品替代工程防护设施和其他技术、管理措施。

**第五条**　用人单位应当健全管理制度，加强劳动防护用品配备、发放、使用等管理工作。

**第六条**　用人单位应当安排专项经费用于配备劳动防护用品，不得以货币或者其他物品替代。该项经费计入生产成本，据实列支。

**第七条**　用人单位应当为劳动者提供符合国家标准或者行业标准的劳动防护用品。使用进口的劳动防护用品，其防护性能不得低于我国相关标准。

**第八条**　劳动者在作业过程中，应当按照规章制度和劳动防护用品使用规则，正确佩戴和使用劳动防护用品。

　　**第九条**　用人单位使用的劳务派遣工、接纳的实习学生应当纳入本单位人员统一管理，并配备相应的劳动防护用品。对处于作业地点的其他外来人员，必须按照与进行作业的劳动者相同的标准，正确佩戴和使用劳动防护用品。

## 第二章　劳动防护用品选择

　　**第十条**　劳动防护用品分为以下十大类：

　　（一）防御物理、化学和生物危险、有害因素对头部伤害的头部防护用品。

　　（二）防御缺氧空气和空气污染物进入呼吸道的呼吸防护用品。

　　（三）防御物理和化学危险、有害因素对眼面部伤害的眼面部防护用品。

　　（四）防噪声危害及防水、防寒等的耳部防护用品。

　　（五）防御物理、化学和生物危险、有害因素对手部伤害的手部防护用品。

　　（六）防御物理和化学危险、有害因素对足部伤害的足部防护用品。

　　（七）防御物理、化学和生物危险、有害因素对躯干伤害的躯干防护用品。

　　（八）防御物理、化学和生物危险、有害因素损伤皮肤或引起皮肤疾病的护肤用品。

　　（九）防止高处作业劳动者坠落或者高处落物伤害的坠落防护用品。

　　（十）其他防御危险、有害因素的劳动防护用品。

　　**第十一条**　用人单位应按照识别、评价、选择的程序，结合劳动者作业方式和工作条件，并考虑其个人特点及劳动强度，选择防

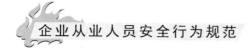

护功能和效果适用的劳动防护用品。

（一）接触粉尘、有毒、有害物质的劳动者应当根据不同粉尘种类、粉尘浓度及游离二氧化硅含量和毒物的种类及浓度配备相应的呼吸器、防护服、防护手套和防护鞋等。具体可参照《呼吸防护用品自吸过滤式防颗粒物呼吸器》（GB 2626）、《呼吸防护用品的选择、使用及维护》（GB/T 18664）、《防护服装化学防护服的选择、使用和维护》（GB/T 24536）、《手部防护防护手套的选择、使用和维护指南》（GB/T 29512）和《个体防护装备足部防护鞋（靴）的选择、使用和维护指南》（GB/T 28409）等标准。

（二）接触噪声的劳动者，当暴露于 80dB ≤ LEX,8h（8 小时等效噪声）<85dB 的工作场所时，用人单位应当根据劳动者需求为其配备适用的护听器；当暴露于 LEX,8h ≥ 85dB 的工作场所时，用人单位必须为劳动者配备适用的护听器，并指导劳动者正确佩戴和使用。具体可参照《护听器的选择指南》（GB/T 23466）。

（三）工作场所中存在电离辐射危害的，经危害评价确认劳动者需佩戴劳动防护用品的，用人单位可参照电离辐射的相关标准及《个体防护装备配备基本要求》（GB/T 29510）为劳动者配备劳动防护用品，并指导劳动者正确佩戴和使用。

（四）从事存在物体坠落、碎屑飞溅、转动机械和锋利器具等作业的劳动者，用人单位还可参照《个体防护装备选用规范》（GB/T 11651）、《头部防护安全帽选用规范》（GB/T 30041）和《坠落防护装备安全使用规范》（GB/T 23468）等标准，为劳动者配备适用的劳动防护用品。

第十二条　同一工作地点存在不同种类的危险、有害因素的，应当为劳动者同时提供防御各类危害的劳动防护用品。需要同时配备的劳动防护用品，还应考虑其可兼容性。

劳动者在不同地点工作，并接触不同的危险、有害因素，或接触不同的危害程度的有害因素的，为其选配的劳动防护用品应满足不同工作地点的防护需求。

**第十三条**　劳动防护用品的选择还应当考虑其佩戴的合适性和基本舒适性，根据个人特点和需求选择适合号型、式样。

**第十四条**　用人单位应当在可能发生急性职业损伤的有毒、有害工作场所配备应急劳动防护用品，放置于现场临近位置并有醒目标识。

用人单位应当为巡检等流动性作业的劳动者配备随身携带的个人应急防护用品。

## 第三章　劳动防护用品采购、发放、培训及使用

**第十五条**　用人单位应当根据劳动者工作场所中存在的危险、有害因素种类及危害程度、劳动环境条件、劳动防护用品有效使用时间制定适合本单位的劳动防护用品配备标准。

**第十六条**　用人单位应当根据劳动防护用品配备标准制定采购计划，购买符合标准的合格产品。

**第十七条**　用人单位应当查验并保存劳动防护用品检验报告等质量证明文件的原件或复印件。

**第十八条**　用人单位应当按照本单位制定的配备标准发放劳动防护用品，并做好登记。

**第十九条**　用人单位应当对劳动者进行劳动防护用品的使用、维护等专业知识的培训。

**第二十条**　用人单位应当督促劳动者在使用劳动防护用品前，对劳动防护用品进行检查，确保外观完好、部件齐全、功能正常。

**第二十一条**　用人单位应当定期对劳动防护用品的使用情况进

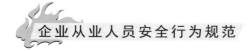

行检查，确保劳动者正确使用。

## 第四章　劳动防护用品维护、更换及报废

**第二十二条**　劳动防护用品应当按照要求妥善保存，及时更换，保证其在有效期内。

公用的劳动防护用品应当由车间或班组统一保管，定期维护。

**第二十三条**　用人单位应当对应急劳动防护用品进行经常性的维护、检修，定期检测劳动防护用品的性能和效果，保证其完好有效。

**第二十四条**　用人单位应当按照劳动防护用品发放周期定期发放，对工作过程中损坏的，用人单位应及时更换。

**第二十五条**　安全帽、呼吸器、绝缘手套等安全性能要求高、易损耗的劳动防护用品，应当按照有效防护功能最低指标和有效使用期，到期强制报废。

## 第五章　附则

**第二十六条**　本规范所称的工作地点，是指劳动者从事职业活动或进行生产管理而经常或定时停留的岗位和作业地点。

**第二十七条**　煤矿劳动防护用品的管理，按照《煤矿职业安全卫生个体防护用品配备标准》（AQ 1051）规定执行。